内蒙古自然科学基金项目（2019MS05042）
内蒙古科技大学创新基金项目（2019QDL-B25）

段会强　陈光波　著

三轴周期荷载作用下煤的疲劳破坏及分形特征研究

SANZHOU ZHOUQI HEZAI ZUOYONGXIA
MEIDE PILAO POHUAI JI
FENXING TEZHENG YANJIU

四川大学出版社

项目策划：蒋　玙
特邀编辑：周维彬
责任编辑：蒋　玙
责任校对：唐　飞
封面设计：墨创文化
责任印制：王　炜

图书在版编目（CIP）数据

三轴周期荷载作用下煤的疲劳破坏及分形特征研究 /
段会强，陈光波著 . — 成都：四川大学出版社，2021.7
ISBN 978-7-5690-4710-3

Ⅰ . ①三… Ⅱ . ①段… ②陈… Ⅲ . ①煤矿开采－稳
定性－研究 Ⅳ . ① TD821

中国版本图书馆 CIP 数据核字（2021）第 090997 号

书名	三轴周期荷载作用下煤的疲劳破坏及分形特征研究
著　者	段会强　陈光波
出　版	四川大学出版社
地　址	成都市一环路南一段 24 号（610065）
发　行	四川大学出版社
书　号	ISBN 978-7-5690-4710-3
印前制作	四川胜翔数码印务设计有限公司
印　刷	成都金龙印务有限责任公司
成品尺寸	170mm×240mm
印　张	10.5
字　数	201 千字
版　次	2021 年 7 月第 1 版
印　次	2021 年 7 月第 1 次印刷
定　价	52.00 元

◆ 读者邮购本书，请与本社发行科联系。
　电话：(028)85408408/(028)85401670/
　(028)86408023　邮政编码：610065
◆ 本社图书如有印装质量问题，请寄回出版社调换。
◆ 网址：http://press.scu.edu.cn

四川大学出版社
微信公众号

前　　言

随着我国煤炭工业的发展,许多矿井逐步转入深部开采,有的矿井开采深度已达到 1500 m。与浅部开采相比,深部开采面临着更为严峻的安全问题。因为随着矿井开采深度的增加,地应力及采掘活动引起的扰动应力显著增大,特别是,当这两种应力叠加后更易使工程煤岩体发生失稳破坏。所以,深部工程煤岩体稳定性问题已经成为采矿工业安全发展亟待解决的重大问题。众所周知,工程煤岩体在不同荷载作用下的破坏形态有明显差异。但在当前,通过常规压缩试验数据对工程煤岩体进行力学分析和评价仍然是最常用的方法。由于常规压缩试验没有考虑蠕变和扰动荷载对煤岩体损伤破坏的影响,其所得结果往往与实际情况有较大差别。所以,在评价工程煤岩体稳定性时,必须考虑其真实的受力条件及作用情况,只有这样,才能比较客观地反映其损伤破坏的力学特性。

煤矿开采是一个非常复杂的煤岩体加卸载过程。布置在煤层中的各类巷道以及设置的各种保护煤柱,如果在其周围没有采掘活动,则只受静荷载作用;如果在其附近进行工作面回采及掘进巷道,则煤柱还将遭受采动应力的影响;特别是,在条带开采、房柱式开采及近距离煤层群同时开采的条件下,煤柱会遭受多次的采动应力影响。所以,将采动应力简化为周期性的扰动荷载,开展多级周期荷载作用下的煤样疲劳力学试验,研究煤样疲劳损伤破坏演化特征及机理,探寻反映煤样疲劳失稳的前兆信息仍然可为实际采矿工程服务。其所得研究成果对于合理设计煤柱尺寸,科学地评价工程煤体稳定性,防止矿井动力灾害事故发生,确保从业人员安全及矿井高效生产具有重要指导意义。

全书共 6 章。第 1 章介绍了周期荷载作用下岩石力学试验的研究现状,并针对当前研究的不足,提出了煤样周期荷载疲劳试验的研究内容和研究方法,由段会强撰写。第 2 章通过煤样常规三轴压缩试验确定了煤样的平均抗压强度及破坏形态,为三轴周期荷载试验方案设计及与煤样疲劳破坏形态的对比提供了基础数据,由陈光波撰写。第 3 章基于三轴周期荷载试验数据,分析了煤样在周期荷载作用下的力学特性及破坏形态,由陈光波撰写。第 4 章对三轴周期荷载作用下煤样的能量耗散及损伤演化特征进行了研究,分析了不同试验条件对煤样能量耗散及损伤演化规律的影响,并提出了一种考虑零循环损伤的损伤计算公式,由段会强撰写。第 5 章基于分形理论,研究了三轴周期荷载作用下煤样破坏后表面裂纹、破碎碎块及断口形貌的分形特征,由段会强撰写。第 6 章采用颗粒流数值模拟软件研究了周期荷载作用下煤样的声发射演化特征,并提出了声发射比率的概念,由陈光波撰写。

本书在撰写过程中,参阅了大量的国内外相关文献,在此谨向所有论著作者表示感谢。另外,还要感谢兖矿集团杨村煤矿王道广矿长和王伟科长在现场取样期间给予的支持与帮助,感谢中国矿业大学深部岩土力学实验室李玉寿高级工程师在实验方案制订、实施及实验设备方面提供的帮助和支持,感谢山东科技大学杨永杰教授对本书提出的宝贵意见,感谢山东农业大学水利土木工程学院马德鹏副教授在试验方案设计中提出的宝贵意见。

由于著者水平有限,书中疏漏之处在所难免,敬请读者批评指正。

著　者

2021 年 1 月于包头

目　　录

第1章 绪论

1.1 研究意义

煤炭是我国最重要的基础能源，并在相当长的时间内不会改变。煤是远古植物遗体在泥炭沼泽中堆积或腐烂后，由于地壳的运动埋藏在地下，经脱水、固结、成岩，并遭受长时期的高温、高压作用而形成的一种化石能源。与其他沉积岩石相比，煤岩内部结构、组分更加复杂，微裂隙、微孔洞发育，内部杂质多，胶结程度差，强度低且离散性大。在煤矿井工开采中，布置在煤层中的巷道以及设置的各种保护煤柱，除受静荷载作用外，还常常会受到动荷载的影响。动荷载一般是由采掘活动引起的，当在这些工程煤体附近开采保护层、邻近层，进行工作面回采及掘进巷道作业时，都会使其遭受采动应力的反复作用。如工作面坚硬基本顶破断时产生的周期来压对区段煤柱的影响，尤其是在条带开采、房柱式开采及近距离煤层群同时开采时，煤柱所遭受的反复采动应力影响更为突出。毋庸置疑，井下工程煤体在类周期荷载采动应力作用下必然引起损伤，加大变形并逐渐降低承载能力，最终发生疲劳失稳现象。在深井开采条件下，地应力高，采动应力影响范围大，煤体更易发生疲劳破坏，造成冲击地压、煤与瓦斯突出等一系列动力灾害事故。因此，深入研究煤岩在类周期荷载作用下的疲劳破坏特性，探讨煤岩疲劳破坏的机理及前兆特征，是采矿工程研究领域所关注的前瞻性课题。

作用在井下工程煤体上的采动应力是随着时间及采掘活动的变化而不断变化的，即采动应力具有明显的时空效应。一般而言，随着矿井开采深度和开采强度的增大，相应的采动应力增大，即井下工程煤体是在经历多级应力振幅的类周期荷载作用下发生破坏。由采掘活动引起的采动应力周期较长，加卸载过程也较为复杂，并且伴随有其他动荷载的影响。相对于室内周期荷载疲劳试验，煤体的疲劳破坏是一个长期过程，有的在几年、几十年之后才会发生。一般地，现场原位试验贴近工程实际，其研究结果对现场工程也更有指导意义，但现场原位试验投入的人力、物力及时间成本高昂；而室内试验却有投入少、便于实施的优点。与现场原位试验相比，虽然室内试验难以重现煤体最真实的应力环境，但将类似周期荷载采动应力简化为周期荷载，研究煤样在这一荷载下的疲劳失稳过程，依然不失为一种安全、高效的研究方法。所以，开展多级周期荷载作用下的煤样疲劳力学试验，研究煤样疲劳破坏演化特征及机理，探寻反映煤样疲劳失稳的前兆信息仍然可为实际采矿工程服务。其所得研究成果对于合理设计煤柱尺寸，科学地评价工程煤体稳定性，防止矿井动力灾害事故发生，确保从业人员安全及矿井高效生产具有重要指导意义。

1.2 国内外研究现状

1.2.1 疲劳损伤研究起源

所谓疲劳，是指在低于材料峰值强度的周期荷载作用下，材料内部微裂纹萌生成核，并不断扩展，最终贯通形成宏观断裂面导致材料破坏失效的现象。自从人类使用各种机械以来，疲劳问题就随之产生，但直到 19 世纪初期，人们才意识到这个问题的危害性，并逐步加以研究和控制。1839 年，波克来特（Poncelet）首先使用"疲劳"（Fatigue）这个词来描述"在反复施加的荷载作用下的结构破坏现象"，但是以疲劳一词作为一篇论文是由布雷思韦特（Braithwaite）于 1854 年在伦敦土木工程师学会上发表的。1852—1870 年，德国工程师沃勒（A. Wöhler）用旋转轴疲劳试验机，首先对疲劳现象进行了系统的研究，提出了 $S—N$ 疲劳寿命曲线及疲劳极限的概念，奠定了疲劳破坏的经典强度理论，现在仍然是工程应用最广泛的抗疲劳设计方法。陈传尧总结了疲劳问题的四个基本特点：①只有在承受扰动应力作用下，疲劳才会发生；②疲劳破坏起源于高应力或高应变的局部；③疲劳破坏是在足够多次的扰动荷载作用后，形成裂纹或完全断裂；④疲劳是一个发展过程，这一发展过程所经历的时间或者扰动荷载作用的次数，称为寿命。

按照材料疲劳损伤研究尺度的不同，研究方法可分为微观、细观和宏观三种。微观模型是在原子结构层面上研究损伤的物理过程以及物质结构对损伤的影响，然后用经验或量子统计力学方法来推测宏观上的损伤行为。细观模型是从几何学和热力学过程上考虑各种类型损伤的形状和分布，并预测它们在不同介质中的产生、发展和最后的破坏过程。宏观模型是基于宏观尺度上的连续介质力学，将材料看成一种含有"微损伤场"的连续体，并引进材料内部连续变化的损伤变量来描述损伤状态。

　　早期的疲劳研究都是以金属材料作为研究对象，经过多年的发展，有关金属材料的疲劳理论及研究方法已经相对成熟。随后，有关混凝土疲劳损伤的研究也达到了一个高峰。混凝土作为一种类岩石材料，其疲劳损伤研究开展的较早，研究成果也较丰富。比如，鞠杨等发现当钢纤维混凝土在经历先低后高的变幅周期荷载作用，且低应力的循环次数低于某临界值时，钢纤维混凝土具有"锻炼效应"。王瑞敏等、赵光仪等、吴佩刚等、张培等发现混凝土的疲劳变形具有三阶段发展规律，且这一规律已被国内外学者广泛认可。洪锦祥等通过试验证明：相对于疲劳变形，疲劳变形曲线的应变速率具有更明显的三阶段特征，所以采用应变速率能够更准确地划分疲劳演化过程的三个阶段。一些研究也表明：材料在承受疲劳荷载作用时，当其内部的裂缝长度达到某一临界长度后将发生不稳定扩展直至破坏，该结论与外荷载种类和历程无关。郑克仁等发现疲劳裂纹的数量随试件破坏前所承受的荷载循环次数的增加而增多。潘小娃等分析了混凝土的疲劳裂纹发展过程，并将其划分为裂纹形成、扩展和贯通造成试件断裂三个阶段。刘国军等采用残余应变的方法定义了一种混凝土疲劳损伤模型，研究并介绍了混凝土疲劳损伤破坏时峰值应变 ε_{unstab} 的确定、等幅或变幅荷载作用下残余应变 $\varepsilon_{残}$ 和总应变 $\varepsilon_{总}$ 的计算理论。而与金属及混凝土材料相比，有关岩石疲劳特性的研究起步较晚，直到 1950 年，H. J. Grover，P. Dehlinger 和 G. M. McClure 才进行了第一次岩石疲劳试验。

1.2.2　岩石疲劳破坏的影响因素

　　任建喜等研究了应力振幅、波形、频率等因素对岩石疲劳破坏寿命的影响，主要结论有：①在相同的上限应力条件下，随着循环振幅的减小，岩石的疲劳寿命逐渐增大；②相同条件的试验中，三角波加载时试件疲劳寿命最长，其次为正弦波，方波加载疲劳寿命最短；③应力振幅和波形对疲劳寿命的影响实质是能量耗散的不同，而频率对疲劳寿命的影响实质是加载速率的不同。Nejati H R 等研究了脆性对岩石损伤演化的影响，对于同一种岩石，常规压缩下岩石的破裂面要比周期荷载作用下岩石的破裂面光滑；对于不同的岩石，脆性低的岩石发生疲劳破坏时，其破裂面要比脆性高的岩石的破裂面光滑。冯春林等通过试验证明：①改变周期荷载的上限应力水平和振幅基本不会影响白砂岩疲劳破坏时轴向的总变形量，但会显著影响岩石疲劳破坏的进程，特别是发生疲劳破坏时的总周期数；②上限应力和振幅越大，岩石损伤变形越大，工作寿命越短；③对于岩石疲劳寿命的预测，应从变形或变形速率的角度来进行预测。He M M 等和 Bagde M N 等对循环荷载下砂岩的疲劳特性进行了研究，试验结果表明：周期荷载的频率、振幅及加载速率都会对砂岩的疲劳力学特性产生极大影响，砂岩的疲劳寿命随加载速率和振幅的增加而减小，随着加载频率的增加而增加。张世殊等发现在相同围压条件下，周期荷载频率对砂岩试样的残余应变、疲劳刚度和破坏模式有很大影响，频率越高，破坏时的残余轴向应变越大，破坏次数越多，岩样的初始刚度越大。Jiang D Y 等对间歇性周期荷载作用下岩盐的疲劳破坏机理进行了研究，间歇疲劳试验有利于残余应变的发展，其疲劳寿命明显小于传统疲劳寿命。姜德义等还对盐岩的压剪疲劳特性进行了研究，当剪切角大于 45°时，盐岩抗变形能力、峰值应力和最大变形量均随着剪切角度的增大而减小，变向剪切对盐岩的疲劳寿命有很大影响，一般会使疲劳寿命降低 90% 以上。郭印同等发现提高周期荷载的上限应力和平均应力，盐岩的轴向变形速率将会提高，疲劳过程加快，疲劳寿命减少。马林建等发现提高上限应力或者降低下限应力会减小稳定阶段在整个疲劳过程中所占的比例，从而有利于试样的加速破坏。任松等研究了温度对盐岩疲劳特性的影响，盐岩的疲劳寿命随着温度的升高而提高；温度不会改变盐岩疲劳破坏的三阶段演化过程，但随着温度提高，等速阶段所占的比例会提高；体积应变能够更加清晰地反映盐岩内部的损伤状态。许宏发等发现在影响盐岩体积变形的因素中，周期荷载上限应力水平是最重要的影响因素，而应力比振幅和频率为次要因素。席道瑛等对疲劳荷载对岩石物理力学性质的影响进行了研究，随着疲劳荷载频率的增大，南京砂岩的杨氏模量、泊松比、纵横波速都呈非线性增大；云南大理的饱和大理岩具有显著的应力振幅效应和频率效应，且应力振幅对大理岩物性的影响大于频率对大理岩物性的影响。

以上文献表明周期荷载的波形、频率、应力水平、应力振幅、温度以及岩石自身的性质等因素均会对岩石的疲劳特性产生影响，但其研究对象均为强度较高的岩石，对于低强度的煤岩，还鲜有报道。

1.2.3 岩石疲劳破坏的强度及变形特征

葛修润等提出在循环荷载作用下，岩石疲劳破坏的应变"门槛值"为静态全过程曲线中体积变形的最小点；岩石的疲劳破坏存在一个极限变形量，且体积变形更适合作为疲劳破坏的控制量。葛修润等、章清叙等还指出无论是在单轴还是三轴周期荷载作用下，岩石是否发生疲劳破坏均与其应力门槛值有关，只有当周期荷载应力水平超过岩石疲劳破坏门槛值时，岩石才会发生疲劳破坏。在破坏应力水平，岩石的轴向不可逆变形发展存在初始、等速和加速三个阶段。岩石的疲劳破坏要受到静态应力—应变全过程曲线的控制，疲劳破坏时的轴向变形量与周期荷载的上限应力在静态轴向（偏）应力—轴向应变全过程曲线后区对应的变形量相当。卢高明等通过单轴、三轴周期荷载试验发现变形比强度更适合作为判断黄砂岩疲劳破坏的依据。Fuenkajorn K 等通过单轴循环荷载试验发现盐岩的抗压强度随着循环次数的增加而降低，黏塑性随着加载频率的增加而减小。杨永杰等对鲍店矿 3 煤在单轴循环荷载作用下的强度、变形及疲劳损伤过程进行研究，鲍店矿 3 煤的疲劳破坏门槛值不超过其单轴抗压强度的 81%；煤岩的轴向变形可以划分为初始、等速和加速变形三个阶段，而横向变形可划分为稳定和加速变形两个阶段。林卓英等的研究表明：单轴条件下，红砂岩的疲劳极限约为其单轴抗压强度的 83%，大理岩疲劳极限约为其单轴抗压强度的 85%。魏元龙等对页岩的三轴循环加卸载试验开展了研究，发现完整页岩在经过 11 个周期的加卸载循环后峰值强度增大了 9.98%～25.03%，含裂隙页岩经过 15 个周期的加卸载循环后峰值强度增大了 1.47%～6.98%；尤明庆等、徐速超等也有类似的研究结果，产生这种现象的最主要原因是岩石在低应力水平的"锻炼效应"，其次是试验中循环加卸载的次数太少。Shi C H 等对富水泥岩的三轴疲劳变形特性进行了研究，当其他变量保持不变时，较低频率的循环荷载会导致试样较快的变形；在相同动荷载作用下，富水泥岩变形随水压增大而略有增加。Zhang H 等发现只有当应力达到一个临界值时，砂岩裂纹才开始萌生（成核），并在平行于应力轴的方向上逐渐扩展，最终导致试样破坏。王者超等发现花岗岩在三轴条件下发生疲劳破坏时，破坏面上会留有由剪切作用所引起的粉末，并认为岩石的疲劳强度要受到抗剪和抗疲劳两部分因素的影响。Roberts L A 等对盐岩的单轴蠕变和膨胀特性进行了研究，发现相对于静态加载，循环加载并不使盐岩更容易产生膨胀变形。

上述文献研究成果表明：岩石的疲劳破坏存在一个应力门槛值和应变门槛值，岩石的疲劳破坏分为初始、等速和加速三个阶段。但对于强度较低的煤岩开展的疲劳研究较少，特别地，对于三轴周期荷载作用下煤岩的疲劳试验还未见报道。所以，研究三轴条件下煤岩的疲劳特性，可对受重复采动应力影响的煤体的稳定性进行科学评价提供实验基础和理论指导。

1.2.4　岩石疲劳演化过程中的能量耗散特征

岩石在变形破坏过程中，伴随着能量的耗散与释放。能量耗散是单向不可逆的；而能量释放是双向的，在满足一定条件时可以相互转化。岩石在受载过程中，其能量演化大致可分为能量输入、能量积聚、能量耗散和能量释放四个阶段；以常规压缩试验为例，前三个阶段对应于岩石应力—应变曲线的峰前阶段，而能量释放对应于峰后阶段（破坏阶段）。Ming Q B 等发现，岩体的能量演化与轴向荷载的应力水平密切相关，而与轴向加载速率无关，输入能量导致岩体中微裂纹的不可逆萌生和扩展，弹性能释放导致岩体突然失稳。岩石的弹性能和耗散能一般是根据轴向应力—轴向应变曲线下的面积求得。在单轴周期荷载试验中，每一个循环过程中的耗散能为轴向应力—轴向应变加载曲线面积（输入的能量）减去卸载曲线面积（弹性能）；在三轴周期荷载试验中，每一个循环过程中的耗散能由轴向应力—轴向应变曲线所形成的滞回环面积与对应的围压—环向应变曲线所形成的滞回环面积之和来描述。张媛研究了不同含水率的岩石在不同围压、不同应力水平的周期荷载下的能量演化特征。许江分析了孔隙水压力循环下砂岩的能量特征。何明明等研究了单轴周期荷载下砂岩的能量特征，当循环荷载上限应力高于岩石的屈服应力时，耗散能具有初始、等速和加速三阶段发展规律，耗散能曲线呈"U"形，刘江伟等也有相同的研究结果；当循环荷载上限应力低于岩石的屈服应力时，耗散能曲线呈"L"形演化规律。赵闯等分析了循环荷载作用下岩石的能量特征，在疲劳门槛值之前，随着偏应力增加，耗散能呈线性增加的趋势。许江等研究了梯形周期荷载下煤岩耗散能演化的温度效应，在同一循环周期下，加载段吸收的能量随温度的升高逐渐减小。汪泓等研究了干燥与饱和砂岩的能量演化特征，通过对峰值强度归一化处理后得出：在应力加载的不同阶段，饱和试件的弹性能和耗散能均低于干燥试件；在加载过程中，饱和试件的弹性能占比要高于干燥试件，但该比例将随着加载过程逐渐下降并在破坏前与干燥试件的弹性能占比达到近似水平。李子运等研究了页岩在三轴循环加卸载下的能量特征，提出了弹性能耗比的概念，其物理意义为输入材料的总能量中损耗的能量与储存的能量之比。

岩体变形失稳本质上是能量耗散与释放的综合结果，上述文献主要研究了不同岩石在单轴条件下的能量演化规律及其影响因素，其研究对象主要为砂岩、页岩，偶尔涉及煤岩；特别是缺少三轴周期荷载下煤岩能量演化规律的研究。另外，煤的疲劳损伤破坏与其内部能量耗散之间的定量关系尚不清楚，所以研究煤样在三轴周期荷载作用下的能量演化特征有助于从其内部能量耗散角度揭示煤的疲劳损伤破坏机理。

1.2.5 岩石疲劳损伤演化模型

损伤是岩石内部微缺陷不断萌生、发育和扩展的过程,损伤能改变岩石材料的许多物理特性,能降低岩石的弹性模量、硬度、超声波波速及强度等。樊秀峰等发现:在砂岩疲劳过程中,穿透砂岩的横向超声波波速随循环次数会呈现初始迅速衰减、稳定衰减和破坏前的极速衰减三阶段的演化规律。任松等对比了周期荷载下盐岩的声发射振铃计数累积曲线和应变累积曲线,发现两者之间存在很好的对应关系。祝艳波等研究了循环荷载对石膏质岩的疲劳损伤特性的影响,疲劳试验过程中声发射活动的演化规律反映了试样疲劳变形演化的三个阶段。李浩然等研究了花岗岩在单轴循环荷载下的波速及声发射特征,岩石横波波速变动比纵波波速能更清晰地反映岩石的损伤状态;声发射活动呈现"相对平静、间隔突发"的规律;岩石的波速和声发射变化特征与应力状态表现出良好的一致性。付斌等发现:在大理岩单轴循环加卸载过程中,声发射活动主要集中在加载阶段,在卸载阶段几乎没有声发射发生。还有一些学者研究了不同岩石在循环荷载下的 Felicity 效应,一般情况下,Felicity 比越小,岩石损伤越严重,所以可采用 Felicity 比作为评价岩体损伤程度的定量化指标。

对于岩石材料的损伤程度,可以把弹性模量、残余应变、耗散能量、声发射振铃计数、超声波波速等作为损伤的变量进行描述,常见的损伤变量定义有以下几种。

(1) 弹性模量法。

经典的弹性模量法定义的损伤变量为

$$D = 1 - \frac{E'}{E} \tag{1.1}$$

式中,E' 为有损材料的弹性模量;E 为无损材料的弹性模量。

谢和平等的研究表明,式(1.1)只适用于弹性损伤的情况,并针对这一问题对弹性模量法进行了改进,给出了一维条件下不可逆塑性变形影响的弹塑性材料的损伤变量定义为

$$D = 1 - \frac{\varepsilon - \varepsilon'}{\varepsilon} \frac{E_1}{E_0} \tag{1.2}$$

式中,E_1 为弹塑性损伤材料的卸载弹性模量;E_0 为弹塑性损伤材料的初始弹性模量;ε' 为卸载后的残余塑性变形;ε 为卸载时的变形,由残余塑性变形和弹性变形组成。

（2）残余应变法。

李树春等定义的损伤变量表达式为

$$D = \frac{\varepsilon - \varepsilon_0}{\varepsilon_d - \varepsilon_0} \cdot \frac{\varepsilon_d}{\varepsilon} \tag{1.3}$$

式中，ε_0 表示循环开始时的轴向应变，此时 D 定义为 0；ε_d 表示循环结束时的轴向应变，此时 $D=1$；ε 为某一循环结束时的轴向应变。

（3）耗散能量法。

一些学者认为从能量的角度能较好地表征岩石的损伤演化过程，鹏润东等采用能量定义的损伤变量为

$$D = \frac{2}{\pi} \arctan \frac{\Delta E_d}{\Delta \sigma} \tag{1.4}$$

式中，$\Delta\sigma$ 为应力增量；ΔE_d 为对应的损伤耗散能增量。

（4）声发射累计计数法。

唐晓军等定义的损伤变量为

$$D = \sum_{i=0}^{m} \frac{n_i}{N_m} = \frac{N_i}{N_m} = 1 - \left[1 - \left(\frac{N}{N_F} \right)^{1-c} \right]^{\frac{1}{1+b}} \tag{1.5}$$

式中，n_i 为每循环周期产生的声发射数；N_m 为整个试件破坏时产生的声发射振铃计数；c 和 b 为模型参数；N 为疲劳荷载的循环数；N_F 为达到疲劳破坏时的循环数。

崔遥等定义的损伤变量为

$$D_i = \sum_{i=1}^{n} \frac{N_i}{N_{total}} \tag{1.6}$$

式中，D_i 为到第 i 个循环的累积损伤；N_i 为第 i 次循环内产生的振铃计数；N_{total} 为试件完全破坏时产生的振铃计数。

（5）超声波波速法。

赵明阶定义的损伤变量为

$$D = 1 - \left(\frac{V_p}{V_{p_f}} \right)^2 \tag{1.7}$$

式中，V_p 为各向同性微裂隙岩石的声波速度，m/s；V_{p_f} 为岩石母体（无损伤时）的声波波速，m/s。

岩石的疲劳损伤破坏是一个渐进破坏过程，通过选取合理的损伤变量对这一过程进行描述，对深入研究煤的疲劳破坏特征及揭示其损伤破坏机理有重要指导意义。同理，在确定能完全反映煤体疲劳损伤演化的损伤变量后，我们即可对煤体的稳定性做出科学的评价，可提前对煤体的失稳进行预测。与岩石相

比，煤的内部结构、组分复杂，孔隙多，以上的损伤变量模型并不完全适用于煤岩。所以，探究符合煤岩自身特点的疲劳损伤演化模型是一项重要的研究内容。

1.2.6 岩石疲劳破坏的分形特征

传统几何学中所描述的事物都是整数维的，如维数分别为 0、1、2 和 3，它们分别对应于点、线、面和体。法国数学家曼德尔勃罗特（B. B. Mandelbrot）发现采用整数维是不能准确地描述自然界中绝大部分事物的，因此提出了维数可以为分数的概念。分形几何学是以不规则几何形态为研究的对象。分形理论是在"分形"概念的基础上发展起来的一门非线性学科，并能定量地描述自然界中不规则的事物、现象和行为。分形理论在岩石力学领域也有广泛的应用。比如，马德鹏采用盒维数的方法研究了煤岩在三轴卸围压试验中破坏断面表面裂纹的分形特征。倪玉山等研究了常规三轴压缩下花岗岩破坏断口的分形特征。易顺民等发现：在单轴受压时，三峡坝基岩石破裂系和主破裂具有很好的分形特征，分维值随着压力的增加而上升，且与岩石抗压强度和风化程度有很好的相关性。易顺民等还从微观层面研究了岩石断口的分形特征。李廷芥等发现：随着应力的增加，圆孔大理岩试件裂纹的维数值增加，而白岗岩裂纹维数值则表现出上下波动的性质。黄冬梅等采用 MATLAB 编制的盒维数程序计算了常规单轴压缩下岩石断口细观形貌的分形维数。陈凯等发现，砂岩在常规单轴压缩下的分形维数与轴向应力之间呈二次函数关系。徐光黎等发现，岩石结构面的规模、隙宽和密度在一个很宽的范围内具有自相似特性，即存在分形特征。谢和平等研究了岩石节理分维对节理抗剪强度和节理摩擦角的影响，分维能定量地刻画节理的粗糙性。在岩石声发射分形研究方面，吴贤振等、高保彬等通过常规压缩试验得出在煤岩体破坏失稳前，声发射时间序列分维值将出现持续下降或者突降的变化趋势。张昕等通过常规单轴压缩试验发现砂岩在破坏前声发射关联维数在下降后会持续小幅波动。李庶林等发现在单轴多级循环加卸载下，磁铁矿、辉长辉绿岩和矽卡岩这三种岩石的分形维数也具有这一特征。赵奎等、曾鹏等的研究表明，在单轴和三轴压缩下，岩石的 Kaiser 效应点具有明显的分形特征，且其声发射信号幅值（能量）关联维数要小于相邻点。一些学者研究了岩石破碎块度尺寸的分形特征，一般情况下，试样越破碎，体积越小，分形维数越大；反之，则分形维数小。另外，一些学者还对岩石破碎块度—数量和块度—质量的分形特征进行了研究。

现阶段，有关常规压缩、三轴卸围压压缩及岩爆试验中岩石的分形特征研究较多，主要研究对象也以砂岩等强度较高的岩石为主，涉及煤岩的很少，且研究工作也不够系统和深入；另外，还未见有针对周期荷载作用下煤岩疲劳破坏的分形特征研究。

现有研究成果中，针对循环荷载的试验研究主要集中在单轴条件下的混凝土及各类坚硬岩石的强度、变形及疲劳失稳方面，涉及三轴周期荷载试验的岩石疲劳损伤研究成果相对较少，针对煤岩开展的研究则更少。另外，在现有的三轴循环荷载试验研究中，采用的试验方法一般只进行极少次数的周期性荷载加载或分级循环加卸载，实质上并未真正涉及煤的疲劳损伤破坏机理研究。针对这一问题，本书以煤样为对象，采用室内试验及理论分析相结合的方法对其在三轴周期荷载作用下的强度、变形、能量耗散、损伤和分形等特征展开研究。

1.2.7　岩石疲劳特性的 PFC 数值模拟

PFC（Partical Flow Code）是由 ITASCA 公司开发的商业离散元软件，自问世以来已在有关岩石力学问题方面获得了广泛应用。PFC 中存在两种基本单元，即颗粒单元和墙单元，颗粒单元是组成材料介质的单元，墙单元是生成模型边界条件的单元。最常用的模型为 linear 和 linearpbond 模型，linear 模型只能传递力，linearpbond 模型可以传递力和力矩。在 PFC 中，材料的宏观力学行为并不是通过预先设定的方式实现，而是通过调配"颗粒"组成及其接触状态变化的方式来反映。

在采用 PFC 数值模拟软件研究岩石力学特征方面，以常规压缩试验研究居多。比如，张学鹏等采用 BPM（Bonded Particle Model）模型研究了花岗岩压缩试验全过程，深入分析了微裂纹萌生演化及能量变化规律。丁秀丽等模拟了不同应力状态和应力路径下大理岩的变形破裂演化及扩容孕育过程。黄彦华等研究了高径比和围压对类岩石材料力学特性的影响。黄丹等对大理岩单轴、三轴压缩试验中的起裂强度和损伤强度进行了模拟和分析。黄达等模拟了不同倾角非贯通单裂隙砂岩试件的单轴压缩试验，并对中等应变率下的裂隙砂岩应力—应变曲线特征、裂隙尖端应力状态、岩体损伤及裂隙扩展等力学响应的影响规律进行了研究。周杰等研究了三轴压缩条下砂岩内部拉伸和剪切裂纹数目的演化以及角度分布特征。穆康等模拟了不同围压下砂岩压缩变形过程中的声发射特征及张拉和剪切两种裂纹的发育规律，建立了砂岩压缩变形过程中声发射特征与脆延转换之间的联系。穆康等还模拟了水—力耦合条件下砂岩三轴压缩试验和声发射特征。此外，汪汝峰对深部人工冻结黏土在横轴压卸围压、恒

围压卸轴压试验中的宏观及微观力学特性进行了数值模拟研究。刘新荣等研究
了干湿循环对泥质砂岩颗粒的接触网络、力链分布和裂纹分布的影响。王铭研
究了冻融循环过程中的单裂隙岩体裂纹的起裂、扩展和贯通过程规律。蒋应军
等、张东等进行了级配碎石的动三轴数值模拟。廖璐璐模拟了不同加卸载应力
路径下的岩爆试验，分析和对比了不同应力路径对岩爆烈度的影响。田文岭等
模拟了煤样在不同围压下的循环加卸试验，并对不同围压下煤样的宏观参数与
裂纹扩展过程之间的关系进行了研究和分析。

在 PFC 数值模拟中，采用 FISH 语言编写周期荷载试验程序要比室内常
规压缩试验复杂，加之 PFC 数值模拟计算时间更长，有关周期荷载作用下岩
石力学特性的研究还较少。另外，室内试验中不同试样会有不同的力学参数，
但在数值模拟试验中试样模型一旦确立，其力学参数也就确定，这就消除了室
内试验中试样力学特性的离散性问题，为对比不同因素对试样的影响提供了可
靠依据。特别是对于煤岩这种离散性大的材料，采用 PFC 数值模拟软件研究
其力学特性往往具有更高的效率，获得的结果也较为可靠。所以，开展煤样在
周期荷载下的颗粒流数值模拟与分析，能有效补充室内试验研究的不足。

1.3　研究内容、方法及技术路线

1.3.1　研究内容

本书是在对国内外研究现状进行系统调研的基础上，针对现阶段中存在的
不足及亟需解决的问题，主要开展以下方面的研究工作。

（1）三轴周期荷载作用下煤样的疲劳强度及变形特征。

①对杨村煤矿 $16_{上}$ 煤进行 0 MPa、5 MPa 和 10 MPa 围压条件下的常规压
缩试验，获取煤样的强度及变形参数，为周期荷载疲劳试验方案设计提供基础
数据。

②对煤样进行频率为 0.25 Hz 和 0.5 Hz 的多级周期荷载疲劳试验，模拟
矿山采掘活动中的加卸载效应，研究煤样疲劳破坏过程中的强度及变形特征。

③研究 0 MPa、5 MPa 和 10 MPa 围压条件下，煤样在常规压缩及周期荷
载试验中的疲劳破坏形态及破坏机理。

（2）三轴周期荷载作用下煤样的能量耗散及损伤演化特征。

①研究煤样在单级、多级应力振幅周期荷载作用下的耗散能特征，并探讨

围压、应力水平和周期荷载频率等因素对耗散能演化的影响。

②建立符合耗散能"U"型演化规律的能量耗散模型。

③建立符合煤样自身特点的损伤变量计算公式。

（3）三轴周期荷载作用下煤样的分形特征。

①研究煤样在常规压缩和周期荷载疲劳试验中破坏表面裂纹的分形特征、碎块的分布特征以及块度—数量和块度—质量的分形特征。

②研究煤样在常规压缩和周期荷载疲劳试验中破坏断口在细观层面上的分形特征。

（4）煤样周期荷载压缩破坏的 PFC 数值模拟。

采用 PFC 数值模拟软件研究不同加卸载速率、应力下限及应力水平等因素对煤样周期荷载压缩破坏循环次数（疲劳寿命）及声发射特征的影响。

1.3.2 研究方法

本书主要采用室内试验、PFC 数值模拟与理论分析相结合的研究方法对三轴周期荷载作用下煤样的疲劳破坏特征进行研究。具体研究方法如下：

（1）试验方案设计。

周期荷载室内试验在中国矿业大学深部岩土力学与地下工程国家重点实验室的 MTS815.02 电液伺服岩石力学试验系统上进行，为合理确定煤样的疲劳强度，采用逐级提高周期荷载上限应力的试验方案。在单轴条件下，周期荷载第一级应力水平设计为煤样常规压缩强度的 65%；三轴条件下，周期荷载第一级应力水平设计为煤样常规压缩强度的 70%，周期荷载应力增量为对应常规压缩强度的 5%，当煤样呈现出疲劳性态时，上限应力按照 2.5% 的增量提高。考虑到每个煤样的疲劳破坏过程可能要经历多个应力水平的周期荷载作用，疲劳时间太长，试验机也容易呈现疲劳性态。所以，在疲劳试验中，不能进行无限次的循环试验，必须在时间及循环次数之间进行合理取舍。在考虑试验机特性、时间及人员因素后，选择频率为 0.25 Hz 和 0.5 Hz 的余弦波进行加载（0.5 Hz 的周期荷载为 MTS815.02 岩石力学试验系统能够保证三轴周期荷载试验稳定及采集数据精确的极限频率，超过该频率后试验机的精度将显著降低），每一级周期荷载循环加卸载的次数不少于 3000 次。

（2）室内试验方面。

①煤岩现场取样，标准试样制备，选择无明显节理裂隙的煤样用于试验。

②煤样常规压缩试验方案设计及实施，确定常规压缩下煤样的强度和变形特征。

③周期荷载疲劳试验方案设计及实施。

（3）试验数据处理及理论分析。

①基于周期荷载作用下煤样的变形及强度测试结果，研究当围压分别为 0 MPa、5 MPa 和 10 MPa 时，煤样在频率为 0.25 Hz 和 0.5 Hz 的周期荷载作用下的疲劳强度及变形特征、破坏形态和疲劳损伤破坏机理。

②基于周期荷载作用下煤样应力—应变关系曲线，采用弹性力学、损伤力学等理论分析煤样疲劳损伤演化过程中的能量耗散特征，并建立符合煤岩自身特点的疲劳损伤演化模型。

③采用分形理论研究常规压缩和周期荷载试验中破坏煤样的表面裂纹的分形特征、碎块的分布特征、块度—数量和块度—质量及煤样断口细观形貌的分形特征。

（4）PFC 数值模拟。

①根据煤样常规压缩试验数据，采用"试错法"获得与煤样宏观力学特性基本一致的细观参数。

②研究加卸载速率、应力下限及应力水平等因素对煤样循环次数（疲劳寿命）及声发射特征的影响。

参考文献

[1] Bagde M N，Petroš V. Fatigue properties of intact sandstone samples subjected to dynamic uniaxial cyclical loading [J]. International Journal of Rock Mechanics and Mining Sciences，2005，42（2）：237−250.

[2] Bagde M N，Petroš V. Fatigue and dynamic energy behavior of rocksubjected to cyclical loading [J]. International Journal of Rock Mechanics and Mining Sciences，2009，46（1）：200−209.

[3] Fuenkajorn K，Phueakphum D. Effects of cyclic loading on mechanical properties of Maha Sarakham salt [J]. Engineering Geology，2010，112（1−4）：43−52.

[4] He M M，Li N，Chen Y S，et al. Strength and fatigue properties of sandstone under dynamic cyclic loading [J]. Shock and Vibration，2016，2016（Pt. 2）：1−8.

[5] Jiang D Y，Fan J Y，Chen J，et al. A mechanism of fatigue in salt under discontinuous cycle loading [J]. International Journal of Rock Mechanics & Mining Sciences，2016（86）：255−260.

[6] Liu L，He S M. Effects of cyclic dynamic loading on the mechanical properties of intact rock samples under confining pressure conditions [J]. Engineering Geology，2012（125）：81−91.

[7] Liu X S, Ning J G, Tan Y L, et al. Damage constitutive model based on energy dissipation for intact rock subjected to cyclic loading [J]. International Journal of Rock Mechanics and Mining Sciences, 2016 (85): 27−32.

[8] Meng Q B, Zhang M W, Han L J, et al. Effects of acoustic emission and energy evolution of rock specimens under the uniaxial cyclic loading and unloading compression [J]. Rock Mechanics and Rock Engineering, 2016, 49 (10): 3873−3886.

[9] Nejati H R, Ghazvinian A. Brittleness effect on rock fatigue damage evolution [J]. Rock Mechanics and Rock Engineering, 2014, 47 (5): 1839−1848.

[10] Roberts L A, Buchholz S A, Mellegard K D, et al. Cyclic loading effects on the creep and dilation of salt rock [J]. Rock Mechanics and Rock Engineering, 2015, 48 (6): 2581−2590.

[11] Shao P, Xu Z W, Zhang H Q, et al. Evolution of blast-induced rock damage and fragmentation prediction [J]. Procedia Earth and Planetary Science, 2009, 1 (1): 585−591.

[12] Shi C H, Ding Z D, Lei M F, et al. Accumulated deformation behavior and computational model of water-rich mudstone under cyclic loading [J]. Rock Mechanics and Rock Engineering, 2014, 47 (4): 1485−1491.

[13] Song H P, Zhang H, Fu D H, et al. Experimental analysis and characterization of damage evolution in rock under cyclic loading [J]. International Journal of Rock Mechanics and Mining Sciences, 2016 (88): 157−164.

[14] Sun B, Zhu Z D, Shi C, et al. Dynamic mechanical behavior and fatigue damage evolution of sandstone under cyclic loading [J]. International Journal of Rock Mechanics and Mining Sciences, 2017 (94): 82−89.

[15] Wang Z C, Li S C, Qiao L P, et al. Fatigue behavior of granite subjected to cyclic loading under triaxial Ccompression condition [J]. Rock Mechanics and Rock Engineering, 2013, 46 (6): 1603−1615.

[16] Xiao J Q, Ding D X, Jiang F L, et al. Fatigue damage variable and evolution of rock subjected to cyclic loading [J]. International Journal of Rock Mechanics and Mining Sciences, 2010, 47 (3): 461−468.

[17] Zhang H, Song H P, Kang Y L, et al. Experimental analysis on deformation evolution and crack propagation of rock under cyclic indentation [J]. Rock Mechanics and Rock Engineering, 2013, 46 (5): 1053−1059.

[18] 岑夺丰, 黄达. 高应变率单轴压缩下岩体裂隙扩展的细观位移模式 [J]. 煤炭学报, 2014, 39 (3): 436−444.

[19] 陈传尧. 疲劳与断裂 [M]. 武汉: 华中科技大学出版社, 2001.

[20] 陈凯, 王文科, 郭新, 等. 乌鲁木齐矿区砂岩单轴压缩的分形特征研究 [J]. 中国煤

炭，2017，43（2）：52－55.

[21] 陈鑫，杨强，李德建. 岩体裂隙网络各向异性损伤力学效应研究［M］. 北京：科学出版社，2016.

[22] 陈宇龙，魏作安，张千贵. 等幅循环加载与分级循环加载下砂岩声发射 Felicity 效应试验研究［J］. 煤炭学报，2012，37（2）：226－230.

[23] 陈子全，李天斌，陈国庆，等. 不同应力路径下砂岩能耗变化规律试验研究［J］. 工程力学，2016，33（6）：120－128.

[24] 崔遥，姜德义，杜逢彬，等. 盐岩间隔疲劳的声发射特性试验研究［J］. 中南大学学报（自然科学版），2017，48（7）：1875－1882.

[25] 丁秀丽，吕全纲，黄书岭，等. 锦屏一级地下厂房大理岩变形破裂细观演化规律［J］. 岩石力学与工程学报，2014，33（11）：2179－2189.

[26] 樊秀峰，简文彬. 砂岩疲劳特性的超声波速法试验研究［J］. 岩石力学与工程学报，2008，27（3）：557－563.

[27] 樊秀峰，吴振祥，简文彬. 循环荷载下砂岩疲劳损伤过程的声学特性分析［J］. 岩土力学，2009，30（S1）：58－62.

[28] 冯春林，吴献强，丁德馨，等. 周期荷载作用下白砂岩的疲劳特性研究［J］. 岩石力学与工程学报，2009，28（S1）：2749－2754.

[29] 付斌，周宗红，王海泉，等. 大理岩单轴循环加卸载破坏声发射先兆信息研究［J］. 煤炭学报，2016，41（8）：1946－1953.

[30] 高保彬，李回贵，刘云鹏，等. 单轴压缩下煤岩声发射及分形特征研究［J］. 地下空间与工程学报，2013，9（5）：986－1005.

[31] 高保彬，李回贵，于水军，等. 三轴压缩下煤样的声发射及分形特征研究［J］. 力学与实践，2013，35（6）：49－54，64.

[32] 高峰，谢和平，赵鹏. 岩石块度分布的分形性质及细观结构效应［J］. 岩石力学与工程学报，1994，13（3）：240－246.

[33] 葛修润，蒋宇，卢允德，等. 周期荷载作用下岩石疲劳变形特性试验研究［J］. 岩石力学与工程学报，2003，22（10）：1581－1585.

[34] 葛修润，卢应发. 循环荷载作用下岩石疲劳破坏和不可逆变形问题的探讨［J］. 岩土工程学报，1992，14（3）：56－60.

[35] 郭印同，赵克烈，孙冠华，等. 周期荷载下盐岩的疲劳变形及损伤特性研究［J］. 岩土力学，2011，32（5）：1353－1359.

[36] 郝柏林. 混沌与分形［M］. 上海：上海科学技术出版社，2015.

[37] 何满潮，杨国兴，苗金丽，等. 岩爆实验碎屑分类及其研究方法［J］. 岩石力学与工程学报，2009，28（8）：1524－1529.

[38] 何明明，陈蕴生，李宁，等. 单轴循环荷载作用下砂岩变形特性与能量特征［J］. 煤炭学报，2015，40（8）：1805－1812.

[39] 洪锦祥，缪昌文，石杏喜，等. 混凝土疲劳变形曲线三阶段的比例关系与应变速率 [J]. 南京理工大学学报，2013，37（1）：150−155.

[40] 胡云鹏，冯文凯，谢吉尊，等. 川中红层泥岩颗粒破碎分形特性 [J]. 长江科学院学报，2017，34（3）：115−118，125.

[41] 黄达，岑夺丰，黄润秋. 单裂隙砂岩单轴压缩的中等应变率效应颗粒流模拟 [J]. 岩土力学，2013，34（2）：535−545.

[42] 黄丹，李小青. 基于微裂纹发育特性的大理岩特征强度数值模拟研究 [J]. 岩土力学，2017，38（1）：253−262.

[43] 黄冬梅，常西坤，林晓飞，等. 单轴压缩下岩石断口裂纹的分形特征研究 [J]. 山东科技大学学报（自然科学版），2014，33（2）：58−62.

[44] 黄冬梅. 深部岩石细观结构分形特征及围岩稳定性评价研究 [D]. 青岛：山东科技大学，2015.

[45] 黄胜前，杨永清，李晓斌，等. 不同应力状态下混凝土空间徐变的统一表达式 [J]. 材料导报 B：研究篇，2013，27（2）：150−152.

[46] 黄彦华，杨圣奇，刘相如. 类岩石材料力学特性的试验及数值模拟研究 [J]. 实验力学，2014，29（2）：239−249.

[47] 姜德义，范金洋，陈结，等. 间歇疲劳试验对盐岩疲劳特性的影响 [J]. 岩土工程学报，2016，38（7）：1181−1186.

[48] 姜德义，范金洋，陈结，等. 盐岩的压剪疲劳特性与位错损伤研究 [J]. 岩石力学与工程学报，2015，34（5）：895−906.

[49] 蒋应军，李思超，王天林. 级配碎石动三轴试验的数值模拟方法 [J]. 东南大学学报（自然科学版），2013，43（3）：604−609.

[50] 金丰年，蒋美蓉，高小玲. 基于能量耗散定义损伤变量的方法 [J]. 岩石力学与工程学报，2004，23（12）：1976−1980.

[51] 鞠杨，樊承谋. 钢纤维混凝土的疲劳"锻炼效应" [J]. 土木工程学报，1995，28（3）：66−71.

[52] 李春阳，周宗红，刘松. 花岗岩单轴循环加卸载试验及声发射特性研究 [J]. 煤矿机械，2016，37（11）：67−70.

[53] 李德建，贾雪娜，苗金丽，等. 花岗岩岩爆试验碎屑分形特征分析 [J]. 岩石力学与工程学报，2010，29（S1）：3280−3289.

[54] 李浩然，杨春和，刘玉刚，等. 单轴荷载作用下盐岩声波与声发射特征试验研究 [J]. 岩石力学与工程学报，2014，33（10）：2107−2116.

[55] 李浩然，杨春和，刘玉刚，等. 花岗岩破裂过程中声波与声发射变化特征试验研究 [J]. 岩土工程学报，2014，36（10）：1915−1923.

[56] 李树春，许江，陶云奇，等. 岩石低周疲劳损伤模型与损伤变量表达方法 [J]. 岩土力学，2009，30（6）：1611−1615.

[57] 李树春. 周期荷载作用下岩石变形与损伤规律及其非线性特征 [D]. 重庆：重庆大学，2008：4—5.

[58] 李庶林，林朝阳，毛建喜，等. 单轴多级循环加载岩石声发射分形特性试验研究 [J]. 工程力学，2015，32（9）：92—99.

[59] 李天斌，陈子全，陈国庆，等. 不同含水率作用下砂岩的能量机制研究 [J]. 岩土力学，2015，36（S2）：229—236.

[60] 李廷芥，王耀辉，张梅英，等. 岩石裂纹的分形特性及岩爆机理研究 [J]. 岩石力学与工程学报，2000，19（1）：6—10.

[61] 李杨杨. 采动影响下煤（岩）体变形破坏特征及能量演化规律研究 [D]. 青岛：山东科技大学，2015.

[62] 李子运，吴光，黄天柱，等. 三轴循环荷载作用下页岩能量演化规律及强度失效判据研究 [J]. 岩石力学与工程学报，2018（3）：662—670.

[63] 廖璐璐. 梯度应力路径下加—卸荷岩爆试验及颗粒流模拟研究 [D]. 武汉：武汉理工大学，2014.

[64] 林卓英，吴玉山. 岩石在循环荷载作用下的强度及变形特征 [J]. 岩土力学，1987，8（3）：31—37.

[65] 刘传孝. 岩石破坏机理及节理裂隙分布尺度效应的非线性动力学分析与应用 [D]. 青岛：山东科技大学，2004.

[66] 刘恩龙. 颗粒流算例分析 [M]. 成都：四川大学出版社，2016.

[67] 刘国军，杨永清. 一种基于残余应变的混凝土疲劳损伤模型 [J]. 材料导报 B：研究篇，2014，28（6）：141—144.

[68] 刘江伟，黄炳香，魏民涛. 单轴循环荷载对煤弹塑性和能量积聚耗散的影响 [J]. 辽宁工程技术大学学报（自然科学版），2012，31（1）：26—30.

[69] 刘新荣，李栋梁，张梁，等. 干湿循环对泥质砂岩力学特性及其微细观结构影响研究 [J]. 岩土工程学报，2016，38（7）：1291—1300.

[70] 卢高明，李元辉，张希巍，等. 周期荷载作用下黄砂岩疲劳破坏变形特性试验研究 [J]. 岩土工程学报，2015，37（10）：1886—1892.

[71] 卢高明，李元辉. 围压对黄砂岩疲劳破坏变形特性的影响 [J]. 岩土力学，2016，37（7）：1847—1856.

[72] 马德鹏. 岩石三轴卸围压破坏机理及前兆特征基础试验研究 [D]. 青岛：山东科技大学，2016.

[73] 马林建，刘新宇，许宏发，等. 循环荷载作用下盐岩三轴变形和强度特性试验研究 [J]. 岩石力学与工程学报，2013，32（4）：849—856.

[74] 穆康，李天斌，俞缙，等. 围压效应下砂岩声发射与压缩变形关系的细观模拟 [J]. 岩石力学与工程学报，2014，33（增 1）：2786—2793.

[75] 穆康，俞缙，李宏，等. 水—力耦合条件下砂岩声发射和能量耗散的颗粒流模拟

[J]. 岩土力学，2015，36（5）：1496−1504.

[76] 倪玉山，匡震邦，杨英群. 常规三轴压缩下花岗岩断裂表面的分形研究 [J]. 岩石力学与工程学报，1992，11（3）：295−303.

[77] 藕明江，周宗红，王友新，等. 不同卸荷速率条件下岩爆碎屑破坏特征分析 [J]. 中国安全生产科学技术，2017，13（11）：97−103.

[78] 潘小娃，韩海令，田冉，等. 建筑混凝土疲劳裂缝扩展机理浅析 [J]. 硅谷，2008（17）：60，22.

[79] 彭瑞东，鞠杨，高峰，等. 三轴循环加卸载下煤岩损伤的能量机制分析 [J]. 煤炭学报，2014，39（2）：245−252.

[80] 任富强，常远，汪东，等. 集宁板岩岩爆碎屑分形特征分析 [J]. 长江科学院学报，2016，33（10）：102−105，110.

[81] 任建喜，蒋宇，葛修润. 单轴压缩岩石疲劳寿命影响因素试验分析 [J]. 岩土工程学报，2005，27（11）：1282−1285.

[82] 任松，白月明，姜德义，等. 温度对盐岩疲劳特性影响的试验研究 [J]. 岩石力学与工程学报，2012，31（9）：1839−1845.

[83] 任松，白月明，姜德义，等. 周期荷载作用下盐岩声发射特征试验研究 [J]. 岩土力学，2012，33（6）：1613−1618，1639.

[84] 唐晓军，许江，闫兵. 基于声发射损伤变量的岩石疲劳演化描述方法 [J]. 土工基础，2013，27（6）：81−83，110.

[85] 唐晓军，闫兵，许江. 砂岩在循环荷载作用下的 Felicity 效应研究 [J]. 土工基础，2015，29（4）：103−106.

[86] 田文岭，杨圣奇，方刚. 煤样三轴循环加卸载力学特征颗粒流模拟 [J]. 煤炭学报，2016，41（3）：603−610.

[87] 汪泓，杨天鸿，刘洪磊，等. 循环荷载下干燥与饱和砂岩力学特性及能量演化 [J]. 岩土力学，2017，38（6）：1600−1608.

[88] 汪汝峰. 深部人工冻结黏土加卸载颗粒流模拟研究 [D]. 徐州：中国矿业大学，2015.

[89] 王明立. 煤矸石压缩试验的颗粒流模拟 [J]. 岩石力学与工程学报，2013，32（7）：1350−1357.

[90] 王铭. 冻融～加卸载条件下单裂隙岩体疲劳损伤与断裂研究 [D]. 西安：西安科技大学，2017.

[91] 王瑞敏，宋玉普，赵国藩. 混凝土疲劳破坏的概率分析 [J]. 大连理工大学学报，1991，31（3）：331−336.

[92] 王瑞敏，宋玉普，赵国藩. 混凝土在等幅重复应力作用下的疲劳强度 [J]. 工业建筑，1992（12）：8−11，25.

[93] 王友新，周宗红，付斌，等. 大理岩单轴循环加卸载力学特性研究 [J]. 煤矿机械，

2016，37（9）：26－29.

[94] 王者超，赵建纲，李树才，等. 循环荷载作用下花岗岩疲劳力学性质及其本构模型 [J]. 岩石力学与工程学报，2012，31（9）：1888－1900.

[95] 魏元龙，杨春和，郭印同，等. 三轴循环荷载下页岩变形及破坏特征试验研究 [J]. 岩土工程学报，2015，37（12）：2262－2271.

[96] 温韬，刘佑荣，胡政，等. 高应力区砂岩加卸载条件下能量变化规律及损伤分析 [J]. 地质科技情报，2015，34（2）：200－206.

[97] 温韬，唐辉明，刘佑荣，等. 不同围压下板岩三轴压缩过程能量及损伤分析 [J]. 煤田地质与勘探，2016，44（3）：80－86.

[98] 吴佩刚，赵光仪，白利明. 高强混凝土抗压疲劳性能研究 [J]. 土木工程学报，1994，27（3）：33－40.

[99] 吴贤振，刘祥鑫，梁正召，等. 不同岩石破裂全过程的声发射序列分形特征试验研究 [J]. 岩土力学，2012，33（12）：3561－3569.

[100] 席道瑛，刘云平，刘小燕，等. 疲劳荷载对岩石物理力学性质的影响 [J]. 岩土工程学报，2001，23（3）：292－295.

[101] 夏元友，眘曼卿，廖璐璐，等. 大尺寸试件岩爆试验碎屑分形特征分析 [J]. 岩石力学与工程学报，2014，33（7）：1358－1365.

[102] 谢和平，高峰，周宏伟，等. 岩石断裂和破碎的分形研究 [J]. 防灾减灾工程学报，2003，23（4）：1－9.

[103] 谢和平，高峰. 岩石类材料损伤演化的分形特征 [J]. 岩石力学与工程学报，1991，10（1）：74－82.

[104] 谢和平，鞠杨，黎立云，等. 岩体变形破坏过程的能量机制 [J]. 岩石力学与工程学报，2008，27（9）：1729－1740.

[105] 谢和平，鞠杨，黎立云. 基于能量耗散与释放原理的岩石强度与整体破坏准则 [J]. 岩石力学与工程学报，2005，24（17）：3003－3010.

[106] 谢和平. 岩石、混凝土损伤力学 [M]. 徐州：中国矿业大学出版社，1990.

[107] 谢和平. 岩石节理的分形描述 [J]. 岩土工程学报，1995，17（1）：18－23.

[108] 徐光黎. 岩石结构面几何特征的分形与分维 [J]. 水文地质工程地质，1993（2）：20－22.

[109] 徐速超，冯夏庭，陈炳瑞. 矽卡岩单轴循环加卸载试验及声发射特性研究 [J]. 岩土力学，2009，30（10）：2929－2934.

[110] 许宏发，王晨，马林建，等. 三轴低频循环荷载下盐岩体积应变特性研究 [J]. 岩土工程学报，2015，37（4）：741－746.

[111] 许江，李波波，周婷，等. 循环荷载作用下煤变形与能量演化规律试验研究 [J]. 岩石力学与工程学报，2014，33（S2）：3563－3572.

[112] 许江，张媛，杨红伟，等. 循环孔隙水压力作用下砂岩变形损伤的能量演化规

律 [J]. 岩石力学与工程学报，2011，30 (1)：141−148.

[113] 杨孟达. 煤矿地质学 [M]. 北京：煤炭工业出版社，2006.

[114] 杨永杰，宋杨，楚俊. 循环荷载作用下煤岩强度及变形特征试验研究 [J]. 岩石力学与工程学报，2007，26 (1)：201−205.

[115] 易顺民，赵文谦，蔡善武. 岩石脆性破裂断口的分形特征 [J]. 长春科技大学学报，1999，29 (1)：37−41.

[116] 易顺民，赵文谦. 单轴压缩条件下三峡坝基岩石破裂的分形特征 [J]. 岩石力学与工程学报，1999，18 (5)：497−502.

[117] 尤明庆，苏承东. 大理岩试样循环加载强化作用的试验研究 [J]. 固体力学学报，2008，29 (1)：66−72.

[118] 余华中，阮怀宁，褚卫江. 大理岩脆—延—塑转换特性的细观模拟研究 [J]. 岩石力学与工程学报，2013，32 (1)：55−64.

[119] 余华中，阮怀宁，褚卫江. 岩石节理剪切力学行为的颗粒流数值模拟 [J]. 岩石力学与工程学报，2013，32 (7)：1482−1490.

[120] 曾鹏，纪洪广，高宇，等. 三轴压缩下花岗岩声发射 Kaiser 点信号频段及分形特征 [J]. 煤炭学报，2016，41 (S2)：376−384.

[121] 曾晟，谭凯旋. 矿岩破碎块度分布分形特征对铀浸出率的影响 [J]. 矿冶工程，2011，31 (1)：16−18.

[122] 张东，黄晓明，田飞. 级配碎石动三轴试验离散元模拟 [J]. 公路交通科技，2014，31 (12)：39−42，49.

[123] 张黎明，高速，王在泉，等. 大理岩加卸荷破坏过程的能量演化特征分析 [J]. 岩石力学与工程学报，2013，32 (8)：1572−1578.

[124] 张敏霞. 循环荷载作用下水泥土的疲劳特性及其损伤行为研究 [D]. 福州：福州大学，2004.

[125] 张培，雷冬. 疲劳荷载作用下的混凝土变形规律 [J]. 河海大学学报（自然科学版），2015，43 (1)：34−38.

[126] 张世殊，刘恩龙，张建海. 砂岩在低频循环荷载作用下的疲劳和损伤特性试验研究 [J]. 岩石力学与工程学报，2014，33 (S1)：3212−3218.

[127] 张天蓉. 蝴蝶效应之谜 走进分形与混沌 [M]. 北京：清华大学出版社，2013.

[128] 张昕，付小敏，沈忠，等. 单轴压缩下砂岩声发射及分形特征研究 [J]. 中国测试，2017，43 (2)：13−19.

[129] 张学朋，王刚，蒋宇静，等. 基于颗粒离散元模型的花岗岩压缩试验模拟研究 [J]. 岩土力学，2014，35 (S1)：99−105.

[130] 张媛. 循环荷载条件下岩石变形损伤及能量演化的实验研究 [D]. 重庆：重庆大学，2011.

[131] 张志镇，高峰. 单轴压缩下红砂岩能量演化试验研究 [J]. 岩石力学与工程学报，

2012，31（5）：953－962.

[132] 张志镇，高峰. 单轴压缩下岩石能量演化的非线性特性研究［J］. 岩石力学与工程学报，2012，31（6）：1198－1207.

[133] 章清叙，葛修润，黄铭，等. 周期荷载作用下红砂岩三轴疲劳变形特性试验研究［J］. 岩石力学与工程学报，2006，25（3）：473－478.

[134] 赵闯，武科，李术才，等. 循环荷载作用下岩石损伤变形与能量特征分析［J］. 岩土工程学报，2013，35（5）：890－896.

[135] 赵光仪，吴佩刚，詹巍巍. 高强混凝土的抗拉疲劳性能［J］. 土木工程学报，1993，26（6）：13－19.

[136] 赵奎，王更峰，王晓军，等. 岩石声发射 Kaiser 点信号频带能量分布和分形特征研究［J］. 岩土力学，2008，29（11）：3082－3088.

[137] 赵明阶，徐蓉. 岩石损伤特性与强度的超声波速研究［J］. 岩土工程学报，2000，22（6）：720－722.

[138] 郑克仁，孙伟，张云升，等. 混凝土疲劳裂缝的研究［J］. 武汉理工大学学报，2006，28（8）：39－42.

[139] 钟云霄. 混沌与分形浅谈［M］. 北京：北京大学出版社，2010.

[140] 周杰，汪永雄，周元辅. 基于颗粒流的砂岩三轴破裂演化宏—细观机理［J］. 煤炭学报，2017，42（S1）：76－82.

[141] 祝艳波，黄兴，郭杰，等. 循环荷载作用下石膏质岩的疲劳特性试验研究［J］. 岩石力学与工程学报，2017，36（4）：940－952.

第2章 煤样常规压缩试验及分析

因煤样内部含有大量的微细观孔隙、裂隙等原生损伤，其疲劳破坏强度要远低于其常规压缩强度。所以，在进行周期荷载疲劳试验方案设计时，应首先确定煤样的常规压缩强度。本章首先阐述煤样的制备过程，然后通过常规单轴、三轴压缩试验确定煤样的平均抗压强度，以便为周期荷载试验方案设计提供基础数据，也为分析周期荷载作用下煤样的疲劳强度、变形、损伤破坏演化和其疲劳破坏形态与常规压缩的对比分析提供依据。

2.1 试样采集与加工

2.1.1 试样选取

试验中所用的煤样取自兖矿集团杨村煤矿 $16_上$ 煤。$16_上$ 煤层位于太原组下部，下距 17 煤层 2.45～14.40 m，平均 6.79 m。$16_上$ 煤层为薄煤层，煤层厚度为 0.70～1.72 m，平均 1.17 m，煤层可采性指数为 1.00，面积可采系数为 0.89，全层煤厚变异系数 γ 为 0.14，属全区可采稳定煤层。煤层结构较简单，局部含夹石 1～2 层，夹石岩性为炭质泥岩、黄铁矿结核，厚度为 0.02～0.44 m。

2.1.2 试样制备

为尽可能地降低煤样力学性能的离散性，在井下选取完整且没有肉眼能够观察到明显节理、裂隙的大块煤岩并密封包装，然后运至实验室进行加工。煤样在加工时要严格按照国际岩石力学和岩石工程学会（International Society for Rock Mechanics and Rock Engineering，ISRM）及《岩石力学试验教程》中的相关规定进行。由于煤的强度较低，内部胶结程度差，在制取过程中要尽可能减少对煤岩的扰动，避免煤岩强度的过分降低，所以采用慢速钻取、切割和打磨三道工序将煤岩加工成直径为 50 mm、高度为 100 mm 的标准圆柱体试样。煤岩试样加工过程中使用的取芯机、切割机和磨石机如图 2.1 所示。

（a）取芯机（ZS-100B）　　　　　（b）切割机（DQ-4）

（c）磨石机（AHM-200）

图 2.1　试样制取设备

具体加工过程如下：

（1）取芯。

将经过修理的大块煤岩放置在取芯机的钻取底盘上，在确保钻头与煤岩层理垂直的情况下进行固定，然后采用湿钻法进行取芯。取芯机取出的煤样是标准的圆柱体，取出的煤样直径为 50 mm 左右。

（2）切割。

由于取芯的长度一般为 130 mm 左右，在取芯工作结束后，采用切割机将煤样两端进行截割，将煤样加工成高度为 100 mm 左右的圆柱体试样。

（3）打磨。

煤样两端面切割后并不平直，还需要采用磨石机进行打磨。打磨后的煤样，其端面平整度误差应小于 0.02 mm，煤样轴向垂直度不应超过 0.001 弧度（大约为 3.5′）或每 50 mm 不超过 0.05 mm。

煤样加工完成后，对其进行筛选工作，首先选取高度为 100 mm 左右的煤样，其次剔除表面有明显裂隙及节理的煤样，最后剔除尺寸及平整度不符合要求的煤样。在煤样选取完成后，将其放置在干燥的室内，待自然干燥后进行编号，并用保鲜膜将试样包裹起来防止风化。部分煤样图片如图 2.2 所示。

图 2.2　部分煤样图片

2.2　实验方法

2.2.1　实验设备

煤样常规压缩试验及周期荷载疲劳试验均在中国矿业大学深部岩土力学与地下工程国家重点实验室的 MTS815.02 电液伺服岩石力学试验系统上进行，MTS815.02 岩石力学试验系统如图 2.3 所示，MTS815.02 试验机的主体部分如图 2.4 所示。MTS815.02 电液伺服岩石力学试验系统有以下特点：①全程计算机控制，可实现自动数据采集和处理；②配备三套独立的伺服系统，能够分别控制轴压、围压和孔隙（渗透）压力；③实心钢架只储存很小的弹性能，从而实现刚性压力试验；④伺服阀反应敏捷，试验精度高；⑤与煤样直接接触的引伸仪（美国 MTS 系统公司的专利产品）可在高温高压环境中正常工作，从而实现对岩石在高温及高压条件下的应力应变进行精确测量；⑥可以选择任意加载波形及加载速率进行试验。

图 2.3　MTS815.02 岩石力学试验系统

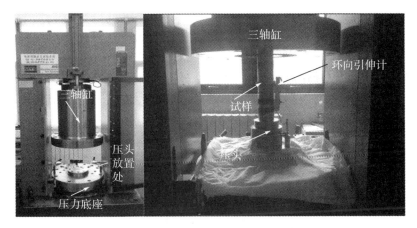

图 2.4　MTS815.02 试验机的主体部分

2.2.2　常规压缩试验设计

大量的研究已经表明：加载速率对岩石的强度特征有较大影响，即岩石强度具有很强的加载速率敏感性。在常规压缩试验中，岩石的峰值强度会随着加载速率的提高而增大，但峰值强度对应的轴向应变却有减小的趋势。许江等、尹小涛等的研究表明：当加载速率足够小时，加载速率对岩石强度的影响可忽略，此时的加载也称为静态加载。一般地，应变速率小于 10^{-4} s^{-1} 属于低应变速率；$10^{-4} \sim 10^{2}$ s^{-1} 属于中等应变速率，其中 $10^{-4} \sim 10^{-2}$ s^{-1} 属于准静态，$10^{-2} \sim 10^{2}$ s^{-1} 属于准动态；大于 10^{2} s^{-1} 属于高应变速率，即动态加载。在静态加载力学试验中，试样的应变速率不应大于 10^{-4} s^{-1}，试样高度按照 100 mm 计算，则试样的加载速率不应超过 0.01 mm/s。在本书中，常规压缩试验位移加载速率选择为 0.003 mm/s，属于静态加载范畴。煤样常规压缩试验设计详见表 2.1。

表 2.1　煤样常规压缩试验设计

围压/MPa	试样个数/个	加载速率/（mm·s^{-1}）
0	3	0.003
5	3	0.003
10	3	0.003

2.3　煤样常规压缩试验分析

2.3.1　强度及变形特征

图 2.5 展示了煤样在常规单轴、三轴压缩试验中的（偏）应力—应变关系曲线，σ_1 代表轴向应力，σ_3 代表围压。煤样被压缩时应变为正，膨胀时应变为负。

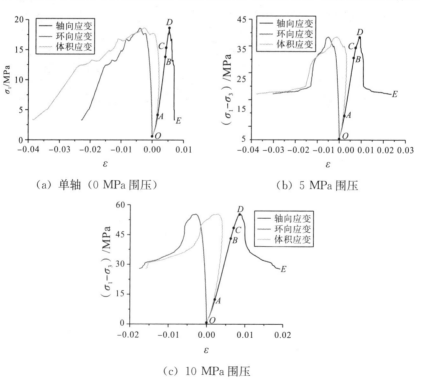

（a）单轴（0 MPa 围压）　　　　（b）5 MPa 围压

（c）10 MPa 围压

图 2.5　煤样常规压缩（偏）应力—应变曲线

由图 2.5 可知，在 0 MPa、5 MPa 和 10 MPa 围压条件下，煤样轴向变形均可划分为以下五个阶段：

（1）压密阶段 OA：由于煤体中存在大量的微孔隙、微孔洞等缺陷，在荷载的作用下，这些缺陷会逐渐被压密、闭合，轴向（偏）应力—应变曲线表现为上凹型，曲线斜率逐步变大，煤样体积发生压缩变形，环向应变基本没有变化；但在三轴条件下，煤样在围压加载阶段会经历静水压力的作用，所以其压密阶段要小于单轴。

（2）线弹性变形阶段 AB：从轴向（偏）应力—应变曲线上来看，曲线近似为直线，斜率基本保持不变，煤样环向变形开始增加，在 B 点附近，煤样体积达到压密的最小点，在该阶段，煤样内部基本没有裂隙产生。

（3）裂隙初始扩展阶段 BC：煤样内部微裂纹开始萌生、成核并扩展，（偏）应力—应变曲线斜率开始逐步变小，煤样进入塑性屈服状态，其轴向、环向不可逆变形加速，体积开始膨胀。

（4）宏观裂纹形成阶段 CD：煤样内部微裂纹进一步发展、贯通，逐步形成可见的宏观裂纹，煤样轴向、环向应变继续增大，体积膨胀变形开始加速。

（5）破坏阶段 DE：D 点后，煤样中积聚的弹性能释放，大量的宏观裂纹贯通，煤样形成破裂面，发生破坏；从（偏）应力—应变曲线上看，煤样的环向应变急剧增大，体积发生剧烈扩容现象，强度急剧降低；但与单轴条件下相比，三轴条件下煤样具有较高的残余强度，且随着围压提高，峰后曲线变得越来越平缓。

表 2.2 为煤样在常规单轴、三轴压缩试验中测得的结果，表中的弹性模量和泊松比均是在弹性阶段求得。表 2.2 中，ε_1代表轴向应变，ε_3代表环向应变，ε_V代表体积应变。

表 2.2 煤样常规压缩试验结果

围压/MPa	试件编号	长度/mm	直径/mm	弹性模量/GPa	泊松比	峰值点应变		峰值强度/MPa	平均强度/MPa
0	ME. 1	96.72	49.56	4.292	0.44	ε_1	0.005279405	18.64	19.09
						ε_3	−0.004023155		
						ε_V	−0.002766905		
	MA. 11	99.34	49.56	4.552	0.38	ε_1	0.006189436	18.21	
						ε_3	−0.003053502		
						ε_V	0.000082432		
	MA. 7	97.14	49.54	4.427	0.35	ε_1	0.006423939	20.41	
						ε_3	−0.003798110		
						ε_V	−0.001172281		
5	MB. 13	96.44	49.52	5.994	0.31	ε_1	0.008237569	43.68	41.54
						ε_3	−0.002942666		
						ε_V	0.002352265		
	MB. 14	95.78	49.54	5.267	0.34	ε_1	0.009123785	38.42	
						ε_3	−0.005268490		
						ε_V	−0.001413196		
	MD. 3	95.32	49.52	5.933	0.29	ε_1	0.008687964	42.53	
						ε_3	−0.003392401		
						ε_V	0.001903163		
10	MG. 13	94.36	49.58	7.095	0.34	ε_1	0.009185051	60.21	57.47
						ε_3	−0.003514692		
						ε_V	0.002155667		
	MG. 15	97.60	49.56	7.833	0.31	ε_1	0.009449216	56.84	
						ε_3	−0.004938862		
						ε_V	−0.000428508		
	MG. 16	95.46	49.50	7.013	0.24	ε_1	0.009007349	55.37	
						ε_3	−0.003035228		
						ε_V	0.002936892		

图 2.6 展示了煤样峰值强度和峰值点轴向应变随围压的变化规律。

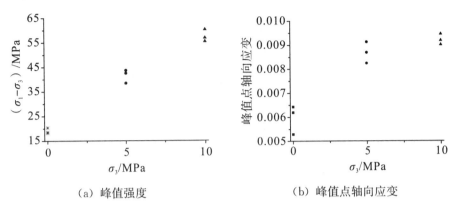

（a）峰值强度　　　　　　　（b）峰值点轴向应变

图 2.6　不同围压条件下煤样峰值强度与峰值点轴向应变

通过表 2.2 和图 2.6 可知：随着围压的提高，煤样峰值强度和峰值点轴向应变增大。在 0 MPa、5 MPa 和 10 MPa 围压条件下，煤样平均峰值强度分别为 19.09 MPa、41.54 MPa 和 57.47 MPa。与单轴时相比，围压为 5 MPa 时煤样强度提高了 117.60%，轴向应变提高了 45.59%，围压为 10 MPa 时煤样强度提高了 201.05%，轴向应变提高了 54.58%。

煤样弹性模量和泊松比与围压之间的关系如图 2.7 所示。由图 2.7 可以看出，随着围压的提高，煤样弹性模量逐渐增大；但泊松比随着围压变化的规律性不强，单轴条件下的泊松比明显比三轴条件下的泊松比大，但在 5 MPa 和 10 MPa 围压条件下，泊松比却没有明显的变化规律。

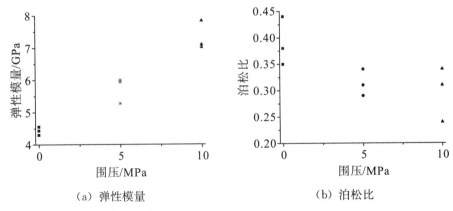

（a）弹性模量　　　　　　　（b）泊松比

图 2.7　煤样弹性模量和泊松比与围压之间的关系

在常规压缩试验中，煤样峰值强度数理统计结果见表 2.3，其离散系数分别为 4.99%、5.43% 和 3.53%，表明煤样强度离散性较小。

表 2.3 煤样常规压缩峰值强度数理统计结果

围压/MPa	平均峰值强度/MPa	极差	标准差	离散系数/%
0	19.09	2.20	0.952062090	4.99
5	41.54	5.26	2.257880030	5.43
10	57.47	4.84	2.026036090	3.53

在常规压缩试验中，煤样峰值点对应的轴向、环向和体积应变的数理统计结果见表 2.4。在 0 MPa、5 MPa 和 10 MPa 围压条件下，煤样峰值点所对应的平均轴向应变分别为 0.005964260、0.008683106 和 0.009213872，离散系数分别为 8.28%、4.17% 和 1.97%。在本次试验中，随着围压的增加，试样的轴向应变呈增大趋势，但离散性有变小的趋势。煤样峰值点所对应的环向应变的平均值分别为 -0.003624922、-0.003867852 和 -0.003829549；环向应变与围压之间的关系不明显。在 0 MPa、5 MPa 和 10 MPa 围压条件下，煤样环向应变的离散系数分别为 11.44%、26.05% 和 21.12%，其离散性大于轴向应变。煤样峰值点处的平均体积应变分别为 -0.001285585、0.000947411 和 0.001554684，体积应变随着围压的增加有减小的趋势，离散系数分别为 130.32%、177.25% 和 92.50%，其离散性相当大。以上数据表明：在变形方面，轴向应变离散性最小，其次是环向应变，体积应变离散性最大。

表 2.4 煤样常规压缩峰值点对应的轴向、环向和体积应变的数理统计结果

围压/MPa	峰值点平均应变		极差	标准差	离散系数/%
0	ε_1	0.005964260	0.001144534	0.000493960	8.28
	ε_3	-0.003624922	0.000969653	0.000414729	11.44
	ε_V	-0.001285585	0.002849337	0.001675410	130.32
5	ε_1	0.008683106	0.000886216	0.000361940	4.17
	ε_3	-0.003867852	0.002325824	0.001007470	26.05
	ε_V	0.000947411	0.003765461	0.001679290	177.25
10	ε_1	0.009213872	0.000441867	0.000181660	1.97
	ε_3	-0.003829549	0.001903634	0.000808700	21.12
	ε_V	0.001554684	0.003365400	0.001438054	92.50

2.3.2　破坏特征

常见的岩石破坏形态主要分为轴向劈裂破坏、单斜面剪切破坏、X 型共轭剪切破坏和剪切张拉复合型破坏，如图 2.8 所示。

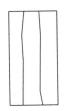 

（a）轴向劈裂破坏　　　　　　（b）单斜面剪切破坏

（c）X 型共轭剪切破坏　　（d）剪切张拉复合型破坏

图 2.8　常见的岩石破坏形态

煤样在常规压缩下的破坏形态如图 2.9 所示。在单轴条件下，煤样以拉伸破坏为主，破坏时裂隙较多，试样较为破碎；在 5 MPa 围压条件下，煤样以剪切破坏为主，局部伴随有拉伸破坏，试样裂隙较少；在 10 MPa 围压条件下，煤样呈现剪切破坏形态，基本没有拉伸破坏。随着围压的提高，煤样逐渐由以拉伸为主的破坏形态向剪切、拉伸复合型破坏形态和剪切破坏形态过渡。

（a）单轴（0 MPa 围压）　　　　　（b）5 MPa 围压

（c）10 MPa 围压

图 2.9　煤样在常规压缩下的破坏形态

参考文献

[1] 蔡美峰，何满潮，刘东燕. 岩石力学与工程 ［M］. 2 版. 北京：科学出版社，2013.

[2] 付小敏，邓荣贵. 室内岩石力学试验 ［M］. 成都：西南交通大学出版社，2012.

[3] 付志亮，肖福坤，刘元雪，等. 岩石力学试验教程 ［M］. 北京：化学工业出版社，2011.

[4] 宁建国. 岩体力学 ［M］. 北京：煤炭工业出版社，2014.

[5] 沈明荣，陈建锋. 岩体力学 ［M］. 上海：同济大学出版社，2006.

[6] 吴绵拔. 加载速率对岩石抗压和抗拉强度的影响 ［J］. 岩土工程学报，1982，4（2）：97−106.

[7] 中国电力企业联合会. 工程岩体试验方法标准 GB/T 50266—1999 ［S］. 北京：中国计划出版社，2013.

[8] 周维垣. 高等岩石力学 ［M］. 北京：中国水利电力出版社，1990.

第3章　三轴周期荷载作用下煤样的
疲劳强度及变形特征

3.1　三轴周期荷载试验设计

　　周期荷载试验采用固定下限应力水平，逐级提高上限应力水平的方案。试验采用应力控制模式，为保证应力控制模式下试验机的安全，试验机保护参数设置为当煤样轴向位移大于等于 3 mm 时停机。为减少试验中的误差，试验前还必须给煤样施加 0.5 kN 的初始力（在这样的初始力下，煤样变形是非常微小的，可忽略不计），以确保煤样与试验机压头之间的紧密接触。初始力稳定后，对煤样轴向、环向位移进行清零，然后按 0.1 kN/s 的加载速率线性加载至第一级周期荷载应力水平上限，进行第一级周期荷载的循环加卸载过程；第一级周期荷载试验进程结束后，再按 0.1 kN/s 的加载速率加载至第二级周期荷载应力水平上限进行加卸载试验（周期荷载应力水平增量为常规压缩强度的 5%，当煤样呈现出疲劳性态时，应力水平按照 2.5% 的增量提高），并以此类推，直至煤样破坏。余弦波加载比较平滑且应力动态响应比较高，所以采用余弦波进行周期性加卸载。MTS815 岩石力学伺服试验系统三轴室空间大，周期荷载频率太高，应力动态响应程度差。针对试验系统的特性，选取 0.25 Hz 和 0.5 Hz 两种频率。考虑到疲劳破坏试验时间长，MTS815 岩石力学伺服试验系统能耗大，试验中每一级周期荷载循环加卸载的次数不少于 3000 次，具体的煤样三轴周期荷载试验设计数据详见表 3.1。

表 3.1　煤样三轴周期荷载试验设计

围压/MPa	周期荷载频率/Hz	试样个数	下限应力水平/%	第一级周期荷载上限应力水平/%	周期荷载应力水平增量/%	循环次数
0	0.25	≥6	30	65	5，2.5	≥3000
	0.5	≥6	30	65	5，2.5	≥3000
5	0.25	≥6	30	70	5，2.5	≥3000
	0.5	≥6	30	70	5，2.5	≥3000
10	0.25	≥6	30	70	5，2.5	≥3000
	0.5	≥6	30	70	5，2.5	≥3000

　　周期荷载加卸载波形简图如图 3.1 所示，围压 $\sigma_3 = 0$ 时为单轴周期荷载试验，具体的周期荷载试验步骤如下所述。

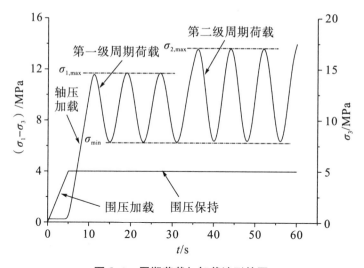

图 3.1　周期荷载加卸载波形简图

　　第一步：试验前给煤样轴向施加 0.5 kN 的初始力，确保试验机压头与煤样之间紧密接触。

　　第二步：围压按照 0.05 MPa/s 的速率进行加载，当加载至设定值（5 MPa 或 10 MPa）并稳定后将轴向位移、环向位移清零（单轴周期荷载试验时略过此步）。

　　第三步：将煤样的轴向（偏）应力由初始（偏）应力水平按照 0.1 kN/s 的加载速率线性加载至第一级周期荷载（偏）应力水平上限 $\sigma_{1,max}$，然后采用余弦波加卸载不少于 3000 次，（偏）应力下限 σ_{min} 为平均抗压强度的 30%。

　　第四步：当煤样在第一级周期荷载作用下加卸载 3000 次没有发生破坏时，再按照 0.1 kN/s 的加载速率将轴向（偏）应力线性加载至第二级周期荷载（偏）应力水平上限 $\sigma_{2,max}$，然后加卸载不少于 3000 次；在试验中，轴向（偏）应力下限 σ_{min} 保持不变。

　　第五步：只要煤样没有破坏，就不断地提高周期荷载上限（偏）应力水平，直至煤样破坏。

3.2　应力—应变曲线特征

　　表 3.2 列出了 0 MPa、5 MPa 和 10 MPa 围压条件时，频率为 0.25 Hz 和 0.5 Hz 的周期荷载作用下典型煤样的试验条件及结果，图 3.2 为周期荷载作用下煤样（偏）应力—应变关系曲线。

表 3.2　周期荷载下典型煤样试验条件及结果

围压/MPa	频率/Hz	周期荷载等级	下限应力水平/%	上限应力水平/%	循环次数	破坏状态
0	0.25	1	30	65	3000	未破坏
		2	30	70	3000	未破坏
		3	30	75	221	破坏
	0.5	1	30	65	3000	未破坏
		2	30	70	3000	未破坏
		3	30	75	1294	破坏
5	0.25	1	30	70	3000	未破坏
		2	30	72.5	3000	未破坏
		3	30	75	3000	未破坏
		4	30	77.5	1098	破坏
	0.5	1	30	70	3000	未破坏
		2	30	72.5	3000	未破坏
		3	30	75	21	破坏

续表

围压/MPa	频率/Hz	周期荷载等级	下限应力水平/%	上限应力水平/%	循环次数	破坏状态
10	0.25	1	30	70	3000	未破坏
		2	30	75	3000	未破坏
		3	30	80	3000	未破坏
		4	30	82.5	350	破坏
	0.5	1	30	70	3000	未破坏
		2	30	75	3000	未破坏
		3	30	80	3000	未破坏
		4	30	82.5	3000	未破坏
		5	30	85	931	破坏

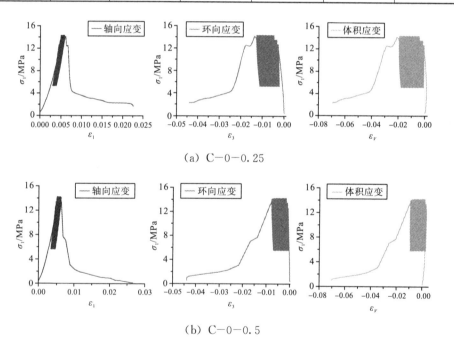

(a) C—0—0.25

(b) C—0—0.5

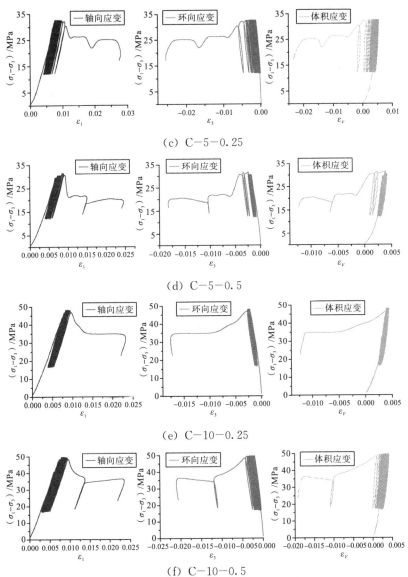

(c) C−5−0.25

(d) C−5−0.5

(e) C−10−0.25

(f) C−10−0.5

图 3.2　周期荷载作用下煤样（偏）应力—应变关系曲线

注：C 代表煤样，0、5 和 10 分别代表围压值（单位：MPa），0.25 和 0.5 分别代表不同频率的周期荷载（单位：Hz）。如 C−0−0.25 代表煤样在单轴条件、频率为 0.25 Hz 的周期荷载作用下的疲劳试验。

3.3　强度特征

表 3.3～表 3.5 列出了六种试验方案中煤样发生疲劳破坏时的平均破坏应

力水平（将最后两级周期荷载应力水平求平均值获得）及在破坏应力水平发生时经历的循环次数与破坏点对应的轴向、环向和体积应变。实际上，在周期荷载试验中，煤样发生疲劳破坏时的应力水平及循环次数均有很大差异，特别是循环次数，有的煤样在经历近 3000 次循环时才发生破坏，有的煤样则在经历几十次循环后即发生破坏。所以，采用求平均值来获得煤样疲劳强度的方法并没有考虑在破坏应力水平发生时不同煤样循环次数之间的差异；但在设计的周期荷载试验中，最后两级周期荷载应力水平之间的差值一般为煤样常规压缩强度的 2.5% 或 5%，这就保证了最后两级周期荷载应力水平之间具有较小的差异。所以，通过求平均值的方法获得的煤样疲劳强度也能够非常接近煤样发生疲劳破坏时的真实应力水平。另外，需要特别注意的是本书中煤样的疲劳强度。它是在将周期荷载应力下限设置为常规压缩强度的 30%，循环加卸载 3000 次的特定条件下得出的。

表 3.3　煤样周期荷载试验结果（单轴）

周期荷载频率/Hz	试样序号	破坏前一级应力水平/%	破坏应力水平/%	平均破坏应力水平/%	破坏应力水平循环次数	破坏点处应变	
0.25	1	75	80	77.5	1231	ε_1	0.006215180
						ε_3	−0.012800441
						ε_V	−0.019385703
	2	70	75	72.5	221	ε_1	0.006095228
						ε_3	−0.013818409
						ε_V	−0.021541592
	3	70	75	72.5	233	ε_1	0.006886013
						ε_3	−0.01140626
						ε_V	−0.015926506
	4	75	80	77.5	35	ε_1	0.006423257
						ε_3	−0.005599369
						ε_V	−0.004775480
	5	75	80	77.5	247	ε_1	0.008473165
						ε_3	−0.015657052
						ε_V	−0.022840939
	6	70	75	72.5	1195	ε_1	0.005865439
						ε_3	−0.014911776
						ε_V	−0.023958113

周期荷载频率/Hz	试样序号	破坏前一级应力水平/%	破坏应力水平/%	平均破坏应力水平/%	破坏应力水平循环次数	破坏点处应变	
0.5	1	85	87.5	86.25	792	ε_1	0.005394052
						ε_3	−0.003351745
						ε_V	−0.001309438
	2	70	75	72.5	330	ε_1	0.006716775
						ε_3	−0.006985006
						ε_V	−0.007253237
	3	75	80	77.5	739	ε_1	0.007125323
						ε_3	−0.006557677
						ε_V	−0.005990032
	4	70	75	72.5	1294	ε_1	0.006217584
						ε_3	−0.007795160
						ε_V	−0.009372735
	5	65	70	67.5	1070	ε_1	0.005564013
						ε_3	−0.007170153
						ε_V	−0.008776293
	6	80	82.5	81.25	471	ε_1	0.006502871
						ε_3	−0.011563584
						ε_V	−0.016624298
	7	75	80	77.5	1173	ε_1	0.007696219
						ε_3	−0.020276956
						ε_V	−0.032857694

表 3.4　煤样周期荷载试验结果（5 MPa 围压）

周期荷载频率/Hz	试样序号	破坏前一级偏应力水平/%	破坏偏应力水平/%	平均破坏应力水平/%	破坏应力水平循环次数	破坏点处应变	
0.25	1	82.5	85	83.75	600	ε_1	0.009246135
						ε_3	−0.003819354
						ε_V	0.001607427
	2	82.5	85	83.75	230	ε_1	0.009810804
						ε_3	−0.007539648
						ε_V	−0.005268491
	3	72.5	75	73.75	1694	ε_1	0.009558554
						ε_3	−0.006941453
						ε_V	−0.004324351
	4	87.5	90	88.75	1226	ε_1	0.008838373
						ε_3	−0.003419432
						ε_V	0.001999509
	5	75	77.5	76.25	2249	ε_1	0.009558554
						ε_3	−0.006941453
						ε_V	−0.004324351
	6	87.5	90	88.75	1551	ε_1	0.008600597
						ε_3	−0.002513281
						ε_V	0.003574035
	7	82.5	85	83.75	613	ε_1	0.009492825
						ε_3	−0.005204354
						ε_V	−0.000915884
	8	75	77.5	76.25	1098	ε_1	0.010610144
						ε_3	−0.004989647
						ε_V	0.000630850
	9	72.5	75	73.75	1694	ε_1	0.008013543
						ε_3	−0.002617374
						ε_V	0.002778796

周期荷载频率/Hz	试样序号	破坏前一级偏应力水平/%	破坏偏应力水平/%	平均破坏应力水平/%	破坏应力水平循环次数	破坏点处应变	
0.5	1	82.5	85	83.75	396	ε_1	0.008728320
						ε_3	−0.006597027
						ε_V	−0.004465735
	2	80	82.5	81.25	601	ε_1	0.009908097
						ε_3	−0.009024692
						ε_V	−0.008141287
	3	72.5	75	73.75	942	ε_1	0.010048595
						ε_3	−0.005451544
						ε_V	−0.000854493
	4	85	87.5	86.25	331	ε_1	0.008630946
						ε_3	−0.002594837
						ε_V	0.003441272
	5	87.5	90	88.75	706	ε_1	0.008689086
						ε_3	−0.003926394
						ε_V	0.000836298
	6	72.5	75	73.75	2937	ε_1	0.010489279
						ε_3	−0.008516823
						ε_V	−0.006544367
	7	85	87.5	86.25	1174	ε_1	0.009810974
						ε_3	−0.003255603
						ε_V	0.003299769
	8	72.5	75	73.75	21	ε_1	0.008973627
						ε_3	−0.003319454
						ε_V	0.002334719
	9	87.5	90	88.75	2894	ε_1	0.009706164
						ε_3	−0.005512294
						ε_V	−0.001318424

表 3.5　煤样周期荷载试验结果（10 MPa 围压）

周期荷载频率/Hz	试样序号	破坏前一级偏应力水平/%	破坏偏应力水平/%	平均破坏应力水平/%	破坏应力水平循环次数	破坏点处应变	
0.25	1	85	87.5	86.25	924	ε_1	0.010631409
						ε_3	—0.003648191
						ε_V	0.003335027
	2	87.5	90	88.75	605	ε_1	0.010808408
						ε_3	—0.00294616
						ε_V	0.004916088
	3	75	80	77.5	698	ε_1	0.009199909
						ε_3	—0.001985941
						ε_V	0.005228028
	4	87.5	90	88.75	178	ε_1	0.010827478
						ε_3	—0.003024912
						ε_V	0.004777655
	5	80	82.5	81.25	350	ε_1	0.009525535
						ε_3	—0.002571747
						ε_V	0.004382041
	6	75	77.5	76.25	223	ε_1	0.010290978
						ε_3	—0.007001371
						ε_V	—0.003711764
0.5	1	80	82.5	81.25	74	ε_1	0.009669769
						ε_3	—0.001825731
						ε_V	0.006018307
	2	82.5	85	83.75	2676	ε_1	0.01015473
						ε_3	—0.004260083
						ε_V	0.001634564
	3	80	82.5	81.25	1340	ε_1	0.010385803
						ε_3	—0.003225809
						ε_V	0.003934185

周期荷载频率/Hz	试样序号	破坏前一级偏应力水平/%	破坏偏应力水平/%	平均疲劳应力水平/%	破坏应力水平循环次数	破坏点处应变	
0.5	4	75	80	77.5	2114	ε_1	0.010391602
						ε_3	−0.003925358
						ε_V	0.002540886
	5	92.5	95	93.75	133	ε_1	0.009425487
						ε_3	−0.002990914
						ε_V	0.003443659
	6	85	90	87.5	274	ε_1	0.008824814
						ε_3	−0.002637295
						ε_V	0.003550224
	7	80	82.5	81.25	2773	ε_1	0.008546042
						ε_3	−0.001877550
						ε_V	0.004790943
	8	82.5	85	83.75	931	ε_1	0.009617227
						ε_3	−0.004342336
						ε_V	0.000932550

　　根据表 3.3～表 3.5 中的试验数据，绘制出 0 MPa、5 MPa 和 10 MPa 围压条件时，煤样在频率为 0.25 Hz 和 0.5 Hz 的周期荷载作用下的疲劳强度分布，如图 3.3 所示。

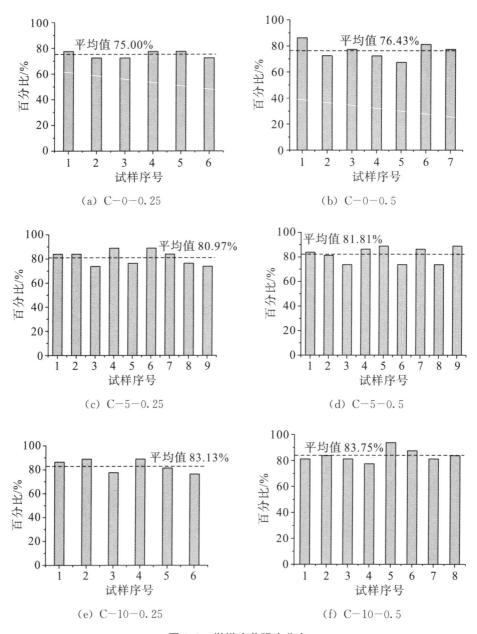

（a）C-0-0.25

（b）C-0-0.5

（c）C-5-0.25

（d）C-5-0.5

（e）C-10-0.25

（f）C-10-0.5

图 3.3　煤样疲劳强度分布

由图 3.3 可知，当围压分别为 0 MPa、5 MPa 和 10 MPa 时，煤样在频率为 0.25 Hz 的周期荷载作用下的疲劳强度分别对应其常规压缩强度的 75.00%、80.97% 和 83.13%，疲劳强度值分别为 14.32 MPa、33.64 MPa 和 47.77 MPa；在频率为 0.5 Hz 的周期荷载作用下，煤样的疲劳强度分别对应其常规压缩强度的 76.43%、81.81% 和 83.75%，疲劳强度值分别为 14.59 MPa、33.98 MPa 和 48.13 MPa。煤样平均破坏应力水平及平均疲劳强度与围压、周期荷载频率的关系如图 3.4 所示。

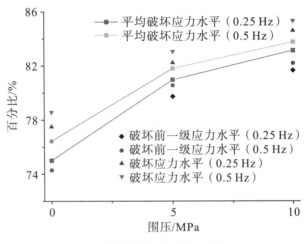

（a）煤样平均破坏应力水平

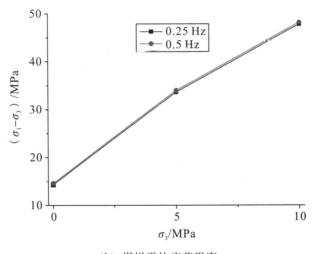

（b）煤样平均疲劳强度

图 3.4 煤样平均破坏应力水平及平均疲劳强度与围压、周期荷载频率的关系

通过对图 3.4 的分析可知：在频率为 0.25 Hz 和 0.5 Hz 的周期荷载作用下，煤样平均疲劳破坏应力水平 Y 与围压 σ_3 之间符合如下关系：

$$Y = a\sigma_3^2 + b\sigma_3 + c \tag{3.1}$$

通过对数据进行参数拟合，得到 a、b、c 的值，见表 3.6。

表 3.6　煤样疲劳破坏应力水平与围压之间拟合结果

频率/Hz	拟合参数		
	a	b	c
0.25	−0.07639	1.57639	75.0
0.5	−0.06865	1.41865	76.42857

煤样疲劳破坏应力水平与围压之间的关系如下：

0.25 Hz：

$$Y = -0.07639\sigma_3^2 + 1.57639\sigma_3 + 75.0 \tag{3.2}$$

0.5 Hz：

$$Y = -0.06865\sigma_3^2 + 1.41865\sigma_3 + 76.42857 \tag{3.3}$$

由图 3.4 可知，当围压分别为 0 MPa、5 MPa 和 10 MPa 时，在频率为 0.25 Hz 和 0.5 Hz 的周期荷载作用下煤样的疲劳强度呈现一定的规律性。具体表现在以下几个方面：

（1）在相同围压条件下，在频率为 0.5 Hz 的周期荷载作用下煤样的疲劳强度要略大于频率为 0.25 Hz 的周期荷载。造成这一现象的主要原因为：

①在相同的循环次数下，频率为 0.25 Hz 的周期荷载作用时间要比频率为 0.5 Hz 的周期荷载作用时间多一倍，而作用时间的增加则有利于煤样内部微裂隙的发育；

②在相同应力水平，0.5 Hz 的周期荷载比 0.25 Hz 的周期荷载加载速率快一倍，由于煤样变形具有黏滞性的特点，所以煤样疲劳强度会随着加载速率的提高而提高。

（2）在相同频率的周期荷载作用下，随着围压的增加，煤样的疲劳强度"门槛值"提高。原因在于：

①围压能有效提高煤样的各向同性，降低煤样内部的原生损伤，限制煤样内部随机微裂隙的发育，从而提高煤样的刚度和抗变形能力，且围压越高这种作用越强；

②围压能有效限制煤样的横向变形，且围压越高这种限制作用越强，煤样破坏也就越困难。由于煤样的破坏要受到环向变形的控制，即煤样在发生破坏前必须要在环向发生较大变形。所以，随着围压提高煤样的疲劳强度"门槛值"也将提高，但煤样疲劳强度"门槛值"提高的幅度随着围压的增加却有减小的趋势。

林卓英等的研究表明：在单轴条件下，红砂岩（平均抗压强度为 35 MPa

左右）的疲劳极限约为其抗压强度的 83%，大理岩（平均抗压强度为 120 MPa 左右）的疲劳极限约为其抗压强度的 85%。通过与本书中试验结果对比可以得出：在不同种类的岩石中，强度高的岩石其疲劳极限往往也高。众所周知，节理、裂隙等缺陷是影响岩石强度的重要因素。一般情况下，岩石强度越低，其内部节理、裂隙往往越复杂，胶结程度也差；而强度高的岩石，其内部结构紧密、胶结好、裂隙少。含丰富裂隙的岩石在周期荷载反复加卸载作用下，微裂纹很容易沿原有的微小裂隙面扩展，并逐步形成宏观裂纹，直至试样破坏；而裂隙少或无裂隙的岩石，则要先经历在其最脆弱部位萌生微小裂纹的过程，这些微小裂纹不断扩展、贯通，并逐步形成宏观裂纹，直至试样破坏。所以，高强度岩石一般具有更高的疲劳强度"门槛值"。

煤岩由于存在疲劳强度"门槛值"，所以对明显受由采掘活动引起的类周期荷载影响的工程煤体，要充分考虑煤体的疲劳强度，确保作用在煤体上的应力低于其疲劳强度，并根据矿井实际地质条件确定影响煤体稳定性的危险应力阈值，同时通过监测手段实时监测煤体不同部位的应力大小及时空演化规律。通过与这一危险应力阈值进行对比，可对煤体的稳定性及即将发生失稳破坏的地点和时间做出科学判断。

3.4　变形特征

在试验中，煤样的轴向和环向变形均可以获得精确测量，而体积应变只能通过经验公式 $\varepsilon_V = \varepsilon_1 + 2\varepsilon_3$ 求出，该数值只能粗略地描述煤样的体积变化情况，所以，本节只对煤样的轴向和环向变形特征进行分析。

3.4.1　轴向应变特征

葛修润等的研究表明：岩石轴向疲劳破坏过程曲线可概况为图 3.5 中的三种形式。当周期荷载上限应力低于试样的疲劳强度时，其疲劳破坏曲线为 a 类型，试样在经历一定循环次数后变形不再增加；当周期荷载上限应力略高于试样的疲劳强度时，其疲劳破坏曲线为 b 类型，这类疲劳破坏曲线具有明显的三阶段发展规律；当周期荷载上限应力接近试样的峰值强度时，其疲劳破坏曲线为 c 类型，即试样在经历很少的循环次数后发生破坏，疲劳破坏过程曲线近似呈线性，在这种情况下，岩石疲劳破坏三阶段之间的范围划分不再清晰。

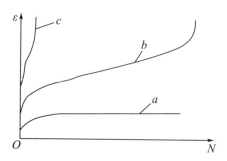

图 3.5　岩石轴向疲劳破坏过程曲线

在多级应力振幅的周期荷载试验中，煤样疲劳破坏曲线为 a、b 或 a、c 的组合形式。图 3.6 展示了当围压分别为 0 MPa、5 MPa 和 10 MPa 时，煤样在频率为 0.25 Hz 和 0.5 Hz 的周期荷载作用下的最大（最小）轴向应变随循环次数的变化曲线。

以图 3.6（a）为例，在第一级周期荷载进程最初的 300 次循环，煤样轴向变形有较显著的增加，在 300 次循环后变形基本不再变化，进入稳定阶段。在第二级周期荷载进程最初的 400 次循环，煤样变形有较显著的增加，在 400 次循环后变形基本不再变化，进入稳定阶段。在第一和第二级周期荷载应力水平，煤样疲劳曲线为图 3.5 中的 a 类型，具有初始和停滞（变形不再随着循环次数的增加而增加）两阶段发展变化特征。在第三级周期荷载进程最初的 20 次循环，轴向变形以降低的速率增加，为疲劳破坏的初始阶段，在 21~150 次循环，轴向变形基本以线性的速率增加，为疲劳破坏的等速阶段，在 150 次循环后，轴向变形以增加的速率增加，并在第 221 次循环时发生破坏，为疲劳破坏的加速阶段。另外，在多级周期荷载试验中，前后两级周期荷载之间的应力幅差值会对后一级周期荷载作用下煤样轴向变形的初始阶段造成显著的影响，即在后一级周期荷载作用下煤样轴向变形的初始阶段所占的比例及变形量均会减小。

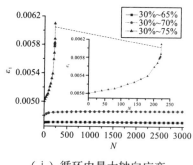

（ⅰ）循环内最大轴向应变

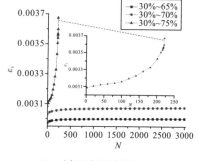

（ⅱ）循环内最小轴向应变

（a）C—0—0.25

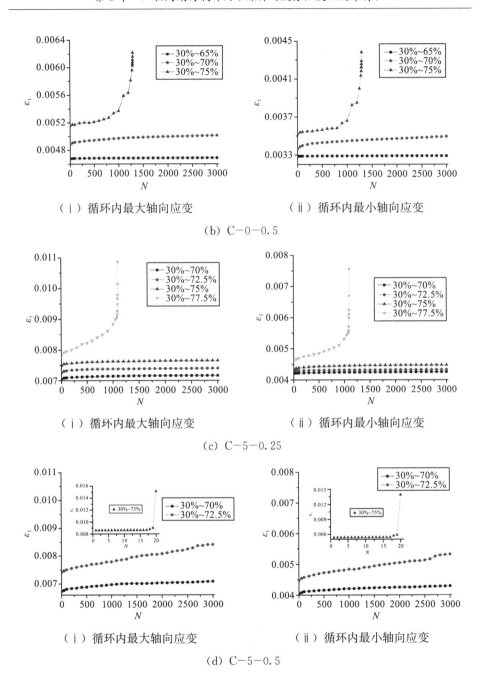

（ⅰ）循环内最大轴向应变　　　　　（ⅱ）循环内最小轴向应变

（b）C-0-0.5

（ⅰ）循环内最大轴向应变　　　　　（ⅱ）循环内最小轴向应变

（c）C-5-0.25

（ⅰ）循环内最大轴向应变　　　　　（ⅱ）循环内最小轴向应变

（d）C-5-0.5

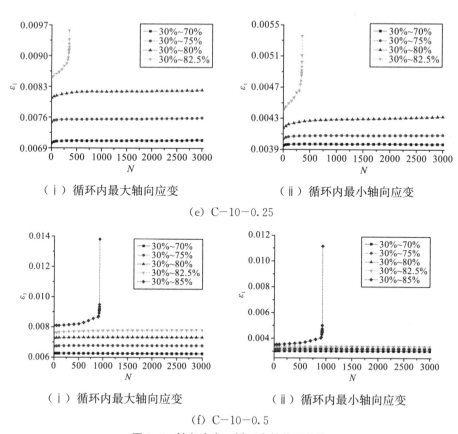

（ⅰ）循环内最大轴向应变　　　　（ⅱ）循环内最小轴向应变

（e）C-10-0.25

（ⅰ）循环内最大轴向应变　　　　（ⅱ）循环内最小轴向应变

（f）C-10-0.5

图 3.6　轴向应变—循环次数关系曲线

葛修润等定义：当在某一循环后试样的承载力不能再达到预先设定的周期荷载上限应力时，这一个循环所对应的峰值点为"破坏点"；"控制点"为周期荷载上限应力所对应的静态全过程曲线中峰后部分的应变点。破坏点和控制点简图如图 3.7 所示。

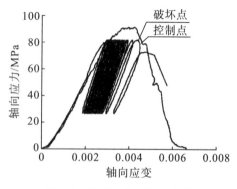

图 3.7　破坏点和控制点简图

　　周期荷载试验中煤样破坏点对应的平均轴向应变数理统计结果见表 3.7。当煤样分别遭受频率为 0.25 Hz 和 0.5 Hz 的周期荷载时,在单轴条件下,煤样破坏点对应的平均轴向应变分别为 0.006659714 和 0.006253436,离散系数分别为 13.06% 和 12.58%;在 5 MPa 围压条件下,破坏点对应的平均轴向应变分别为 0.009303281 和 0.009442788,离散系数分别为 7.61% 和 6.92%;在 10 MPa 围压条件下,破坏点对应的平均轴向应变分别为 0.010213953 和 0.009626934,离散系数分别为 6.21% 和 6.75%。数据表明:在频率为 0.25 Hz 和 0.5 Hz 的周期荷载作用下,不同煤样破坏点所对应的平均轴向应变离散性较小。另外,随着围压的增加,煤样破坏点对应的平均轴向应变增加,但离散性有变小的趋势。

表 3.7　煤样破坏点对应的平均轴向应变数理统计结果

围压/MPa	频率/Hz	破坏点对应的平均轴向应变	极差	标准差	离散系数/%
0	0.25	0.006659714	0.002607726	0.000870060	13.06
	0.5	0.006253436	0.002302167	0.000786770	12.58
5	0.25	0.009303281	0.002596601	0.000707810	7.61
	0.5	0.009442788	0.001858333	0.00065345	6.92
10	0.25	0.010213953	0.001627569	0.000634030	6.21
	0.5	0.009626934	0.001845560	0.000649620	6.75

3.4.2　环向应变特征

　　图 3.8 展示了当围压分别为 0 MPa、5 MPa 和 10 MPa 时,煤样在频率为 0.25 Hz 和 0.5 Hz 的周期荷载作用下最大(最小)环向应变随循环次数的变化曲线。

　　以图 3.8 (a) 为例,在第一级周期荷载进程最初的 300 次循环,煤样环向变形有较显著的增加,在 300 次循环后环向变形基本不再变化,进入稳定阶段。在第二级周期荷载进程最初的 400 次循环,煤样环向变形有较显著的增加,在 400 次循环后变形基本不再变化,进入稳定阶段。在第一和第二级周期荷载应力水平,煤样环向变形具有初始和停滞两阶段发展演化规律。在第三级周期荷载进程最初的 20 次循环,煤样环向变形以降低的速率增加,为疲劳破坏的初始阶段,在 21~150 次循环,环向变形基本呈线性增加,为疲劳破坏的等速阶段，在 150 次循环后，环向变形以增加的速率增加，并在第 221 次循环时发生破坏，为疲劳破坏的加速阶段。

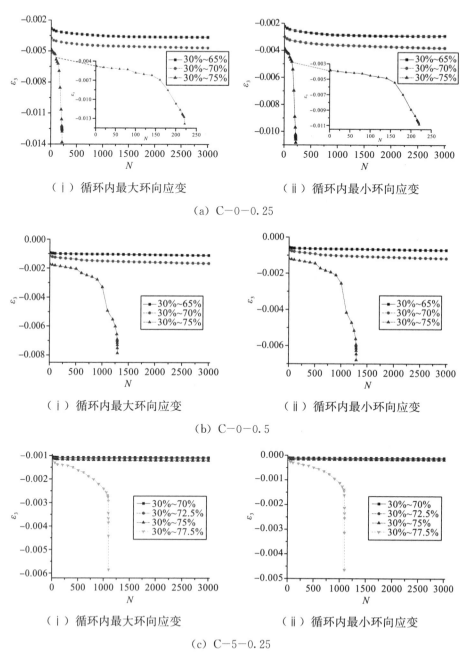

（ⅰ）循环内最大环向应变 （ⅱ）循环内最小环向应变

(a) C−0−0.25

（ⅰ）循环内最大环向应变 （ⅱ）循环内最小环向应变

(b) C−0−0.5

（ⅰ）循环内最大环向应变 （ⅱ）循环内最小环向应变

(c) C−5−0.25

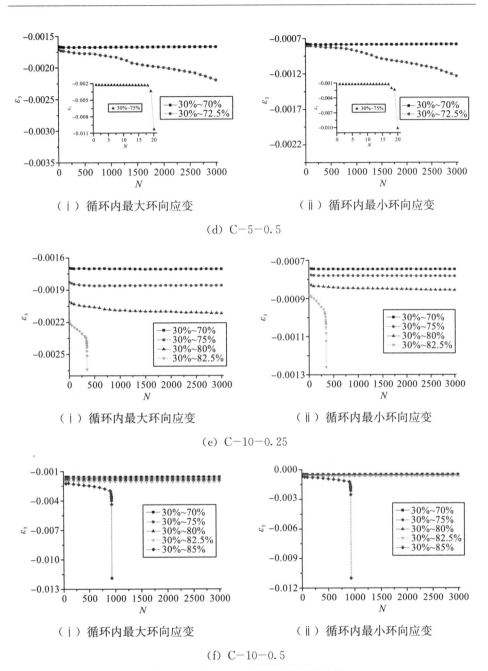

（ⅰ）循环内最大环向应变　　　　　（ⅱ）循环内最小环向应变

(d) C−5−0.5

（ⅰ）循环内最大环向应变　　　　　（ⅱ）循环内最小环向应变

(e) C−10−0.25

（ⅰ）循环内最大环向应变　　　　　（ⅱ）循环内最小环向应变

(f) C−10−0.5

图 3.8　环向应变—循环次数关系曲线

煤样破坏点对应的平均环向应变数理统计结果见表 3.8。数据表明，在频率为 0.25 Hz 和 0.5 Hz 的周期荷载作用下，煤样破坏点对应的平均环向应变相差较大。另外，随着围压的增加，破坏点对应的平均环向应变绝对值有减小的趋势，这是因为围压越大，限制试样横向变形的能力越强所致。

表 3.8　煤样破坏点对应的平均环向应变数理统计结果

围压/MPa	频率/Hz	破坏点对应的平均环向应变	极差	标准差	离散系数/%
0	0.25	−0.012365551	0.010057683	0.003324610	26.89
	0.5	−0.007237221	0.016925211	0.005407490	74.72
5	0.25	−0.004887333	0.005026367	0.001815760	37.15
	0.5	−0.005355408	0.006429855	0.002192260	40.94
10	0.25	−0.003529720	0.005015430	0.001630950	46.21
	0.5	−0.003135635	0.002516605	0.000930590	29.68

由表 3.7 和表 3.8 的对比可以得出，煤样发生疲劳破坏时的轴向应变离散性较小，所以，对于煤样的疲劳破坏应从轴向应变的角度进行分析。

葛修润等认为岩石发生疲劳破坏时的轴向变形量与周期荷载上限应力所对应的静态全过程曲线中峰后部分所对应的轴向应变相当。由于每个试样只能进行一次破坏性试验，所以，上述推论缺乏有效数据的证明。因此，本书将常规压缩试验中煤样峰值点和峰后控制点与周期荷载试验中煤样破坏点对应的平均轴向应变进行了统计分析和对比，结果见表 3.9。

表 3.9　破坏点与峰值点、控制点对应的平均轴向应变的对比

围压/MPa	常规压缩峰值点对应的平均轴向应变	周期荷载试验破坏点的平均轴向应变			常规压缩峰后控制点对应的平均轴向应变
		0.25 Hz	0.5 Hz	平均值	
0	0.005964260	0.006659714	0.006253436	0.006456575	0.007081357
5	0.008683106	0.009303281	0.009442788	0.009373035	0.009450824
10	0.009213872	0.010213953	0.009626934	0.009920444	0.010124749

表 3.9 中的数据表明：在频率为 0.25 Hz 和 0.5 Hz 的周期荷载作用下，煤样破坏点对应的轴向应变相差不大，即周期荷载频率对煤样最终破坏时的轴向应变基本没有影响。但在同一围压条件下，破坏点对应的平均轴向应变大于常规压缩试验中峰值点对应的平均轴向应变。当不考虑频率因素时，在 0 MPa、5 MPa 和 10 MPa 围压条件下，周期荷载疲劳试验中破坏点对应的平均轴向应变均大于常规压缩试验中峰值点对应的平均轴向应变，但小于峰后控制点对应的平均轴向应变。

　　由于煤样在发生破坏时的轴向应变离散性较小，且不受周期荷载频率的影响，所以可采用变形指标对煤体的稳定性进行评价，即首先通过试验确定在不同围压条件下煤体发生疲劳破坏的轴向变形量，然后通过监测手段研究煤体不同部位的轴向变形特征及演化规律，通过与煤岩疲劳破坏变形量的对比，可对煤体的稳定性和即将发生失稳破坏的地点及时间做出科学判断。为更科学地对煤体的稳定性进行评价，可将强度指标和变形指标综合，并与现场观测手段相结合，确定符合煤矿自身地质及技术条件的综合评判标准。

3.4.3　不可逆应变特征

　　不可逆变形是岩石疲劳力学性质本质的反映，与损伤过程直接相关，也间接反映了岩石内部新裂隙的萌生及扩展状况。在同一级周期荷载作用下，两个相邻循环在谷值应力处应变的差值可作为一个循环周期内产生的不可逆应变（该值并非准确的塑性应变，因其中仍有小部分可恢复）。以破坏应力水平为例，图 3.9 展示了当围压分别为 0 MPa、5 MPa 和 10 MPa 时，煤样在频率为 0.25 Hz 和 0.5 Hz 的周期荷载作用下的轴向不可逆应变和环向不可逆应变与循环次数关系曲线。为更清晰地将两者进行对比，环向不可逆应变以绝对值的形式表示。

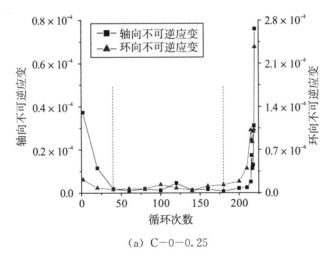

(a) C—0—0.25

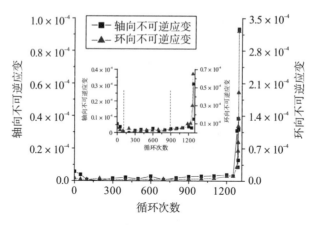

（b）C—0—0.5

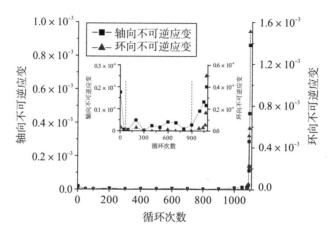

（c）C—5—0.25

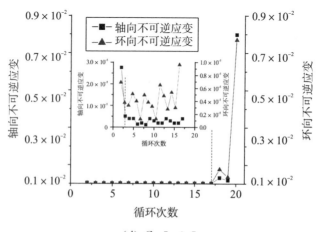

（d）C—5—0.5

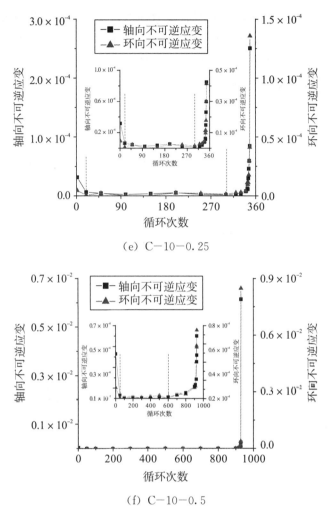

(e) C-10-0.25

(f) C-10-0.5

图 3.9　不可逆应变—循环次数关系曲线

在破坏应力水平，轴向不可逆应变与环向不可逆应变也可划分为初始、等速和加速三个阶段，且两者三阶段范围划分基本一致。所以，轴向不可逆应变和环向不可逆应变的变化过程均能够反映煤样疲劳破坏的三阶段演化特征。

3.5　应力、应变相位关系

煤是一种高度复杂性的物质，其内部含有大量的节理、裂隙，且其分布也存在明显的随机性，这使得煤样变形具有高度的非线性特征。研究表明：岩石具有黏、弹、塑性，黏性是变形滞后应力的现象。在周期荷载作用下，岩石应变相位可能超前、并行或者落后于应力行为。而对于煤而言，应变相位一般是并行或者落后于应力相位的，这是由于煤具有更强的黏性所致。为更清晰地展示周期荷载作用下煤样应力与应变之间的相位关系，需要对数据进行归一化处理：

$$Y = \frac{x_i - x_{\min}}{x_{\max} - x_{\min}} \tag{3.4}$$

式中，Y 为归一化后的值；x_i 为某一采样点对应的值；$x_{\max}$ 和 $x_{\min}$ 分别为待处理数据中的最大值和最小值。

图 3.10～图 3.15 分别展示了在不同围压、不同频率的周期荷载作用下，煤样在破坏应力水平最初和破坏前四个循环归一化处理后的应力、应变相位关系。

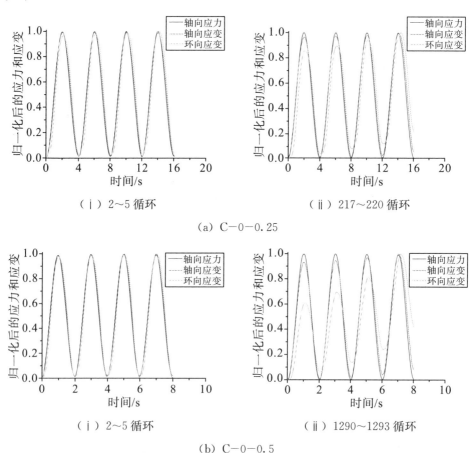

图 3.10　周期荷载作用下煤样应力—应变相位关系［单轴（0 MPa 围压）］

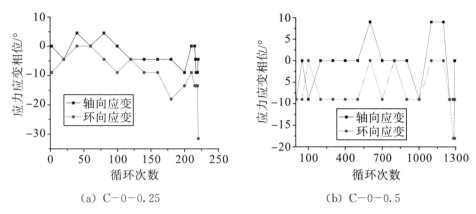

(a) C-0-0.25　　　　　　　(b) C-0-0.5

图 3.11　应力应变相位—循环次数演化曲线 [单轴（0 MPa 围压）]

图 3.10 和图 3.11 表明，在频率为 0.25 Hz 和 0.5 Hz 的单轴周期荷载作用下，煤样在破坏应力水平加卸载初期的轴向应变有并行、超前或者滞后轴向应力的情况，环向应变基本上是并行和滞后轴向应力和轴向应变。在煤样破坏前的几个循环，轴向和环向应变均滞后轴向应力，且轴向和环向应变波形产生畸变，其中环向应变波形畸变量更大，即对于疲劳破坏，环向应变比轴向应变表现得更为敏感。

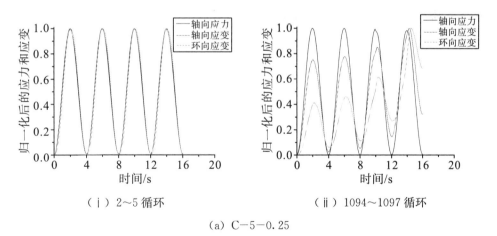

（ⅰ）2~5 循环　　　　　　　（ⅱ）1094~1097 循环

(a) C-5-0.25

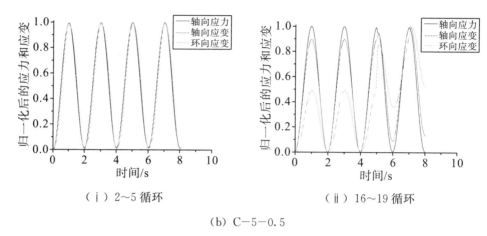

（ⅰ）2~5 循环　　　　　　　　　（ⅱ）16~19 循环

（b）C—5—0.5

图 3.12　周期荷载作用下煤样应力—应变相位关系（5 MPa 围压）

图 3.12 和图 3.13 表明，当围压为 5 MPa 时，在频率为 0.25 Hz 和 0.5 Hz 的周期荷载作用下，煤样在破坏应力水平加卸载初期的轴向应变有并行、超前或者滞后轴向应力的情况，环向应变基本上是并行和滞后轴向应力和应变。在煤样破坏前的几个循环，轴向和环向应变均滞后轴向应力，且轴向和环向应变波形产生畸变，其中环向应变波形畸变量更大，即对于疲劳破坏，环向应变比轴向应变表现得更为敏感。

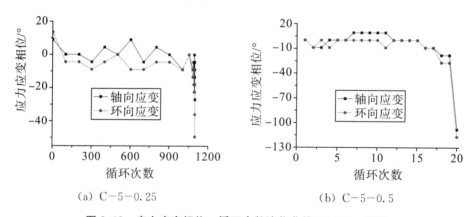

（a）C—5—0.25　　　　　　　　　（b）C—5—0.5

图 3.13　应力应变相位—循环次数演化曲线（5 MPa 围压）

图 3.14 和图 3.15 表明，当围压为 10 MPa 时，在频率为 0.25 Hz 和 0.5 Hz 的周期荷载作用下，煤样在破坏应力水平循环加卸载初期的轴向应变有并行、超前或者滞后轴向应力的情况，环向应变基本上是并行和滞后轴向应力和轴向应变。在煤样破坏前的几个循环，轴向应变和环向应变均滞后轴向应力，且煤样轴向应变、环向应变波形产生畸变，但环向应变波形畸变量更大，

即对于疲劳破坏,环向应变比轴向应变表现得更为敏感。

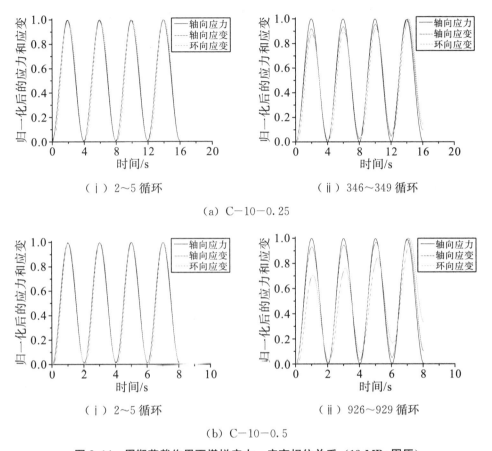

（i）2~5 循环　　　　　　　　（ii）346~349 循环

（a）C-10-0.25

（i）2~5 循环　　　　　　　　（ii）926~929 循环

（b）C-10-0.5

图 3.14　周期荷载作用下煤样应力—应变相位关系（10 MPa 围压）

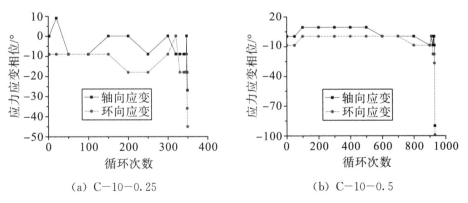

（a）C-10-0.25　　　　　　　　（b）C-10-0.5

图 3.15　应力应变相位—循环次数演化曲线（10 MPa 围压）

通过对图 3.10~图 3.15 的分析可以得出,围压越高,煤样破坏前的轴向应变和环向应变滞后轴向（偏）应力的相位越有增大的趋势；即随着围压的增加，煤样在破坏时其应力与应变之间相位关系的差异性将显著增大。

3.6 煤样的弹性模量特征

3.6.1 割线弹性模量变化特征

在常规压缩试验中，割线弹性模量是指应力—应变曲线上某点与曲线原点之间直线的斜率，使用时一般取峰值强度一半处与原点之间直线的斜率。为计算及表示的方便，本书中定义周期荷载每一加卸载中的应力峰值点与原点之间割线的斜率为割线弹性模量。煤样在不同周期荷载试验方案中的割线弹性模量与循环次数之间的关系如图 3.16 所示。

由图 3.16 可以看出，割线弹性模量变化特征基本不受围压、周期荷载频率的影响，变化规律较为一致。当周期荷载峰值应力低于煤样的疲劳强度时，割线弹性模量随循环次数的增加会有所减小，但在减小到一定程度后割线弹性模量基本稳定，不再变化。当周期荷载峰值应力超过煤样的疲劳强度时，割线弹性模量随循环次数具有初始、等速和加速衰减三阶段发展变化特征。

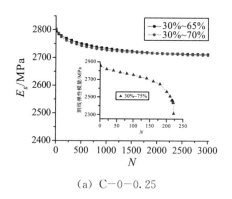

(a) C—0—0.25

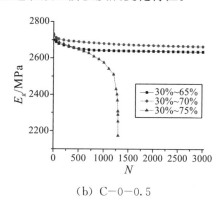

(b) C—0—0.5

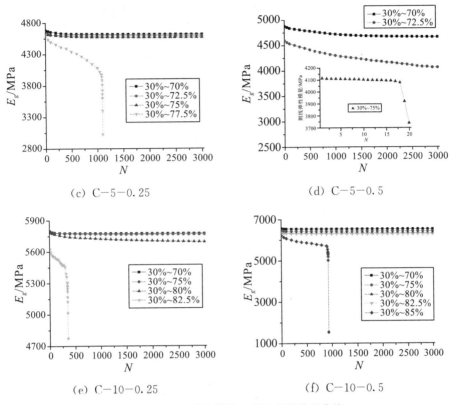

（c）C—5—0.25　　　　　　　　　（d）C—5—0.5

（e）C—10—0.25　　　　　　　　　（f）C—10—0.5

图 3.16　割线弹性模量—循环次数关系曲线

以 30%～70% 应力水平为例，图 3.17 展示了在频率为 0.25 Hz 和 0.5 Hz 的周期荷载作用下煤样割线弹性模量随围压的变化曲线。即在同一级应力水平下，随着围压的提高煤样割线弹性模量逐渐增大。

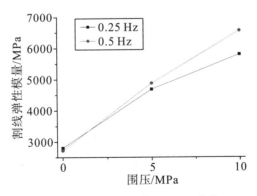

图 3.17　割线弹性模量—围压曲线

同时，需要特别注意的是，在一些情况下，后一级周期荷载进程中最初的割线弹性模量会比前一级周期荷载进程中最初的割线弹性模量略大，图 3.18 展示了煤样在频率为 0.5 Hz 的单轴周期荷载试验中的这一情况。

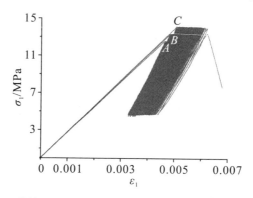

图 3.18　单轴周期荷载下不同应力水平时的初始割线弹性模量

产生这一现象的主要原因如下：

（1）后一级周期荷载进程在加载到所对应的峰值应力水平时应力不是按余弦波加载，而是线性加载；

（2）在经历一定的周期性加卸载作用后，煤样线性变形特征得到强化，当应力水平提高时，应力—应变曲线按照线性化后的路径发展。

这两方面的原因导致了后一级周期荷载进程中初始割线弹性模量的提高。在图 3.18 中，OA 直线的斜率为第一级周期荷载时的初始割线弹性模量，OB 直线的斜率为第二级周期荷载时的初始割线弹性模量，OC 直线的斜率为第三级周期荷载时的初始割线弹性模量。三条直线斜率之间的关系为 $k_{OC} > k_{OB} > k_{OA}$。但是，并不是在所有的试验中都会出现这一现象，这与周期荷载的应力水平及循环次数密切相关。

在同一级周期荷载作用下，可以认为每个加卸载循环都有相同的峰值应力和谷值应力（事实上，同一级周期荷载中，不同循环的峰值应力、谷值应力会有一定的差异，但这一差异非常微小，可以忽略不计），但图 3.16 表明，在同一级周期荷载进程中，割线弹性模量与循环次数之间的关系并不呈现线性减小的特征。在破坏应力水平，试样割线弹性模量变化要更为复杂，仅仅采用线性、对数、指数、幂型等函数进行拟合时难以取得理想效果。对于复杂曲线的拟合，有两种方法可以取得较好的效果：一是将曲线分段，对每一段曲线，选取合适的函数进行拟合；二是采用多项式函数进行拟合。由于多项式函数在拟合中具有简单、方便的特点，所以，本书中采用多项式函数对试验数据进行拟合，即煤样割线弹性模量与循环次数之间具有如下关系：

$$E_g = aN^2 + bN + c \tag{3.5}$$

式中，N 为循环次数；a、b、c 为待拟合的参数。

以破坏应力水平为例，表 3.10 列出了不同围压、不同频率的周期荷载试验中试验数据的参数拟合结果。表 3.10 中的参数 a、b、c 可表示为围压 σ_3 的函数，则式（3.5）可转化为

$$E_g = f_a(\sigma_3)N^2 + f_b(\sigma_3)N + f_c(\sigma_3) \tag{3.6}$$

表 3.10　参数拟合结果

围压/MPa	频率/Hz	拟合参数		
		a	b	c
0	0.25	-1.118×10^{-2}	0.80581	2804.05792
	0.5	-3.68782×10^{-4}	0.21376	2670.90489
5	0.25	-9.13353×10^{-4}	0.29053	4493.35408
	0.5	-1.53504	23.57049	4046.11831
10	0.25	-0.00591	1.03627	5551.65363
	0.5	-7.41386×10^{-4}	-0.08177	6114.34578

煤样在不同频率的周期荷载作用时的拟合参数 $f_a(\sigma_3)$、$f_b(\sigma_3)$、$f_c(\sigma_3)$ 如下：

0.25 Hz：

$$f_a(\sigma_3) = -3.05266 \times 10^{-4}\sigma_3^2 + 0.00358\sigma_3 - 0.01118$$
$$f_b(\sigma_3) = 0.02522\sigma_3^2 - 0.22916\sigma_3 + 0.80581$$
$$f_c(\sigma_3) = -12.61993\sigma_3^2 + 400.95889\sigma_3 + 2804.05792 \tag{3.7}$$

0.5 Hz：

$$f_a(\sigma_3) = 0.06138\sigma_3^2 - 0.61383\sigma_3 - 3.68782 \times 10^{-4}$$
$$f_b(\sigma_3) = 0.94018\sigma_3^2 + 9.37225\sigma_3 + 0.21376$$
$$f_c(\sigma_3) = 13.86028\sigma_3^2 + 205.74128\sigma_3 + 2670.90489 \tag{3.8}$$

将式（3.7）、式（3.8）代入式（3.6），可得到煤样割线弹性模量与围压、周期荷载频率之间的关系如下：

0.25 Hz：

$$\begin{aligned} E_g = &(-3.05266 \times 10^{-4}\sigma_3^2 + 0.00358\sigma_3 - 0.01118)N^2 + \\ &(0.02522\sigma_3^2 - 0.22916\sigma_3 + 0.80581)N - \\ &(12.61993\sigma_3^2 - 400.95889\sigma_3 - 2804.05792) \end{aligned} \tag{3.9}$$

0.5 Hz:

$$E_g = (0.06138\sigma_3^2 - 0.61383\sigma_3 - 3.68782 \times 10^{-4})N^2 +$$
$$(0.94018\sigma_3^2 + 9.37225\sigma_3 + 0.21376)N +$$
$$(13.86028\sigma_3^2 + 205.74128\sigma_3 + 2670.90489) \quad (3.10)$$

3.6.2 循环加卸载过程中弹性模量变化特征

周期荷载加卸载过程中除了加载弹性模量和卸载弹性模量外，还可以定义一个反映循环加卸载过程的弹性模量，本书命名为周期弹性模量，计算公式分别如下：

加载弹性模量计算公式为

$$E_l = \frac{\sigma_{1,\max} - \sigma_{1,\min}}{\varepsilon_{1,\max} - \varepsilon_{1,\min}} \quad (3.11)$$

式中，$\sigma_{1,\max}$、$\sigma_{1,\min}$分别为某一循环加载过程中轴向（偏）应力的最大值和最小值；$\varepsilon_{1,\max}$、$\varepsilon_{1,\min}$分别为对应于$\sigma_{1,\max}$、$\sigma_{1,\min}$时的轴向（偏）应变。

卸载弹性模量计算公式为

$$E_u = \frac{\sigma_{1,\max} - \sigma_{2,\min}}{\varepsilon_{1,\max} - \varepsilon_{2,\min}} \quad (3.12)$$

式中，$\sigma_{1,\max}$、$\sigma_{2,\min}$分别为某一循环卸载过程中轴向（偏）应力的最大值和最小值；$\varepsilon_{1,\max}$、$\varepsilon_{2,\min}$分别为对应于$\sigma_{1,\max}$、$\sigma_{2,\min}$时的轴向（偏）应变。

周期弹性模量计算公式为

$$E_d = \frac{\sigma_{\max} - \sigma_{\min}}{\varepsilon_{\max} - \varepsilon_{\min}} \quad (3.13)$$

式中，$\sigma_{\max}$、$\sigma_{\min}$分别为某一循环加卸载过程中轴向（偏）应力的最大值和最小值；$\varepsilon_{\max}$、$\varepsilon_{\min}$分别为循环加卸载过程中轴向（偏）应变的最大值和最小值。

煤样在破坏应力水平的三种弹性模量随循环次数的变化特征如图 3.19 所示（当破坏循环发生时卸载弹性模量为负值，所以，破坏循环的弹性模量没有在图中显示）。在大部分情况下，三者之间存在如下关系：$E_u > E_l \geqslant E_d$。

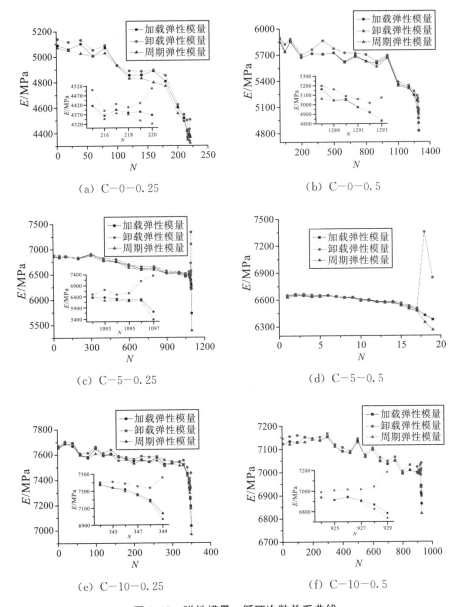

(a) C—0—0.25　　　　(b) C—0—0.5

(c) C—5—0.25　　　　(d) C—5—0.5

(e) C—10—0.25　　　　(f) C—10—0.5

图 3.19　弹性模量—循环次数关系曲线

　　图 3.19 表明，在破坏应力水平，煤样的加载弹性模量和周期弹性模量随循环次数的增加在波动中减小；但对于卸载弹性模量而言，在试样破坏前几个循环却出现了反向增大的趋势，且在破坏循环出现负值。图 3.20 展示了 MB.16 煤样在破坏应力水平最后四个循环的卸载弹性模量，图中的直线 *AB*、*CD* 和 *EF* 的斜率分别代表 1095、1096 和 1097 循环的卸载弹性模量，三条直

线斜率之间的关系为 $k_{EF}>k_{CD}>k_{AB}$，G 点后曲线的斜率为 1098 循环的卸载弹性模量，为负值。

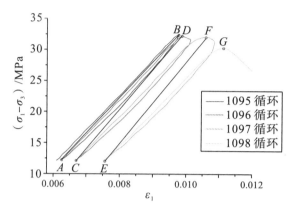

图 3.20　最后四个循环的卸载弹性模量

以上结果表明，卸载弹性模量并不适合作为评价煤疲劳损伤的状态变量。虽然加载弹性模量和周期弹性模量有一定的波动性，但整体上是随着循环次数的增加逐渐减小的，且不会出现负值，在一定程度上可作为评价试样疲劳损伤的状态变量。特别地，周期弹性模量体现的是周期荷载在一个循环加卸载过程中应力引起的应变变化情况，而加载弹性模量体现的是周期荷载在一个循环加载过程中应力引起的应变变化情况，前者要比后者更适合作为评价试样疲劳损伤的状态变量。

图 3.21 为不同试验方案中煤样在破坏应力水平破坏点之前的割线弹性模量与周期弹性模量之间的关系曲线，两者线性拟合的决定系数均在 0.85 以上，表明两者之间存在较好的线性关系；但随着围压的增加，两者之间的线性关系有降低的趋势。

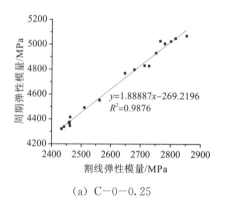

（a）C—0—0.25

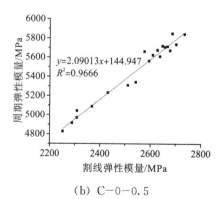

（b）C—0—0.5

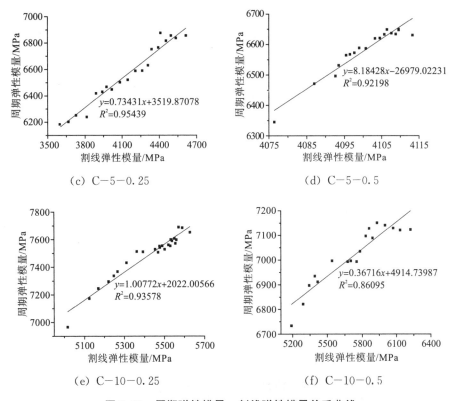

图 3.21　周期弹性模量—割线弹性模量关系曲线

3.7　煤样疲劳破坏形态

煤样在常规压缩试验与周期荷载试验中的破坏形态如图 3.22～图 3.24 所示。在单轴和三轴条件下，煤样在常规压缩及周期荷载试验中的破坏形态均存在显著差异；即使在同一类型试验中，单轴与三轴条件下的破坏形态也存在较大差异。

在单轴条件下，常规压缩试验中的煤样大致呈拉伸破坏形态；周期荷载试验中的煤样成爆裂状破坏，破碎成许多的小块体。这表明：两种岩石力学试验中煤样内部裂纹扩展机理存在明显不同。单轴常规压缩试验时，煤样一直处于被压缩状态，其内部的微裂纹、微孔隙等被压实后得不到重新张开的空间；并且常规压缩试验时间短，这些微缺陷也没有时间进行充分发育，输入到煤样的能量大部分消耗在几条较大裂纹的发育上。所以，单轴常规压缩破坏是煤样内部几条较大裂纹扩展、贯通的结果。在周期荷载试验中，煤样内部的微裂纹等随加卸载进程不断地处于张开和闭合的过程中，这为微裂纹的发育提供了空间上的保证；并且周期荷载试验时间长，微裂纹有充分的时间进行发育。另外，周期荷载应力水平上限小于煤样峰值强度，在常规压缩试验中导致煤样破坏的大裂纹在周期荷载试验中的发育受到限制，输入到煤样的能量大部分会消耗在小裂纹的发育上。由于微小裂纹在煤样内部广泛分布，当这些小微裂纹扩展、贯通形成宏观裂纹后，煤样产生碎片状破坏。而且，煤样在经历多级周期荷载发生破坏时，其破裂面经历反复的摩擦，表面温度明显高于常规压缩破坏的煤样。

在常规压缩试验中，5 MPa 围压条件下煤样以剪切破坏为主，局部伴随有拉伸破坏，试样裂隙较少；10 MPa 围压条件下煤样呈现为剪切破坏，基本没有拉伸破坏。在周期荷载试验中，5 MPa 和 10 MPa 围压条件下煤样的破坏形态也以剪切破坏为主，两者在破坏形态上差别较小，但相对于常规压缩试验，疲劳试验中煤样的表面裂纹数增多，剪切破裂面附近伴随有更多的煤粉。

（a）常规压缩试验

（b）0.25 Hz 周期荷载试验　　　　　　　（c）0.5 Hz 周期荷载试验

图 3.22　煤样在常规压缩试验与周期荷载试验中的破坏形态［单轴（0 MPa 围压）］

（a）常规压缩试验

（b）0.25 Hz 周期荷载试验　　　　　（c）0.5 Hz 周期荷载试验

图 3.23　煤样在常规压缩试验与周期荷载试验中的破坏形态（5 MPa 围压）

（a）常规压缩试验

（b）0.25 Hz 周期荷载试验 　　　　　　　　（c）0.5 Hz 周期荷载试验

图 3.24　煤样在常规压缩试验与周期荷载试验中的破坏形态（10 MPa 围压）

　　无论是常规压缩试验还是周期荷载试验，在单轴条件下煤样表现得更为破碎，这是因为围压的存在提高了煤样的各向同性，限制了煤样内部随机微裂隙的发育，只使得最脆弱的破裂面附近的微裂隙有显著地发展。对于煤样破坏形态的差异，将在第 5 章运用分形理论进行分析。

参考文献

［1］蔡美峰，何满潮，刘东燕. 岩石力学与工程［M］. 2 版. 北京：科学出版社，2013.

［2］丁瑜，陈晓斌，王旦，等. 红砂岩风化土路基瞬态饱和区动弹性模量和阻尼比试验研究［J］. 华南理工大学学报（自然科学版），2019，47（11）：130−139.

［3］葛修润. 岩石疲劳破坏的变形控制律、岩土力学试验的实时 X 射线 CT 扫描和边坡坝基抗滑稳定分析的新方法［J］. 岩土工程学报，2008，30（1）：1−20.

［4］胡广，赵其华，何云松，等. 循环荷载作用下斜长花岗岩弹性模量演化规律［J］. 工程地质学报，2016，24（5）：881−890.

［5］刘杰，颜溧洲，李建林，等. 循环荷载作用下应力速率与应变速率不同步研究［J］. 岩石力学与工程学报，2017，36（1）：29−42.

［6］刘建锋，谢和平，徐进，等. 循环荷载下岩石变形参数和阻尼参数探讨［J］. 岩石力学与工程学报，2012，31（4）：770−777.

［7］刘杰，雷岚，王瑞红，等. 冻融循环中低应力水平加卸载作用下砂岩动力特性研究［J］. 岩土力学，2017，38（9）：2539−2550.

［8］罗飞，赵淑萍，马巍，等. 循环荷载下冻结兰州黄土变形性质的实验研究［J］. 地下空间与工程学报，2011，7（6）：1128−1133.

［9］潘旦光，王轲，芦盼，等. 不同振动频率下泥岩非线性动力参数试验研究［J］. 中国矿业大学学报，2019，48（6）：1188−1196.

［10］沈明荣，陈建锋. 岩体力学［M］. 上海：同济大学出版社，2006.

［11］宋盛渊，王清，潘玉珍，等. 基于突变理论的滑坡危险性评价［J］. 岩土力学，

2014，35（S2）：422—428.

[12] 许江. 周期荷载作用下岩石非线性变形与损伤特性［M］. 北京：科学出版社，2012.

[13] 易其康，马林建，刘新宇，等. 考虑频率影响的盐岩变参数蠕变损伤模型［J］. 煤炭学报，2015，40（S1）：93—99.

[14] 尹小涛，葛修润，李春光，等. 加载速率对岩石材料力学行为的影响［J］. 岩石力学与工程学报，2010，29（S1）：2610—2615.

[15] 赵凯. 岩溶地区石灰岩疲劳特性试验研究及工程应用［D］. 北京：北京交通大学，2013.

[16] 周维垣. 高等岩石力学［M］. 北京：中国水利电力出版社，1990.

第4章　三轴周期荷载作用下煤样的
能量耗散及损伤演化特征

　　煤矿井工开采中的各类工程煤体，在反复采动应力的作用下极易发生失稳破坏，其破坏形式有时会以冲击地压、煤与瓦斯突出等动力灾害现象的方式呈现。这些现象本质上都是煤体在采动应力长期作用下损伤不断累积引起的，但在破坏时却表现出突然性。煤体的破坏过程是一种能量耗散过程，是在能量驱动下的一种状态失稳现象，即煤体的变形破坏方式与其能量转化密不可分。所以，煤体变形破坏过程中的能量演化规律能够更真实地反映其变形、损伤及破坏的本质特征。通过研究煤岩变形过程中的能量特征，可从能量耗散的角度揭示煤岩在周期荷载作用下的损伤破坏机理。煤岩的变形分为弹性变形和塑性变形，在弹性变形过程中吸收能量，在塑性变形过程中耗散能量，在破坏时弹性能完全释放，这也是煤矿井下发生的冲击地压等动力灾害现象往往表现出强大破坏力的原因。另外，周期荷载作用下煤岩的损伤过程是一个不断累积的过程，通过探寻能合理反映煤岩疲劳损伤不断累积的损伤变量，可对煤体整体及局部的稳定性做出科学的评价；根据评价结果可对煤体薄弱部位及时补强、加固，或者卸压处理，能有效避免煤体失稳及其他动力灾害事故的发生。所以，研究符合煤岩自身特点的疲劳损伤演化模型，对研究其疲劳破坏本质特征，探究损伤破坏机理及评价煤体稳定性有重要指导意义。

4.1　周期荷载作用下煤样能量耗散特征

4.1.1　常规压缩下岩石的能量计算

　　由若干个被研究的物体构成的集合体在热力学中称为一个系统，系统周围的物体所形成的集合称为外部环境，若系统与外部环境之间只有能量交换，而没有物质交换，则系统称为封闭系统。在进行三轴周期荷载试验时，试样与试验机之间只存在能量交换而无物质交换。根据热力学定律，可将试样与试验机构成的集合体看作一个封闭系统。由于物质在封闭系统内进行物理过程的变化时，其与外界不发生热交换，即与外界无能量交换，只在封闭系统内部进行着能量的交换。

在单轴常规压缩试验中，随着试验机轴向力的增加，试验机对试样做功，试样单位体积在轴向力作用下吸收的能量为 U_1；在三轴常规压缩试验中，在静水压力（施加围压）阶段轴压也随着增加以保持偏应力不变，此时围压和轴压都对试样做功，此阶段提供的能量用 U_0 表示。静水压力阶段结束以后，随着轴向力的增加，试样在轴向产生压缩变形，试样由于泊松效应在环向产生膨胀变形，而围压则对试样的膨胀变形起限制作用，设试样单位体积在轴向力作用下吸收的能量为 U_1；设围压抑制试样单位体积横向变形所做的功为 U_3，试样在三轴常规压缩过程中的单位体积耗散能为 U，则有

$$U = U_0 + U_1 + U_3 \tag{4.1}$$

式中，U_0 为试样在静水压力阶段吸收的能量；U_1 为试样单位体积在轴向力作用下吸收的能量；U_3 为围压抑制试样单位体积横向变形所做的功。当 U_0、U_3 为 0 时，即为单轴常规压缩条件下试样所吸收的能量。

静水应力状态吸收的能量 U_0 一般采用以下公式计算：

$$U_0 = \frac{3}{2} \frac{1 - 2\mu}{E} \sigma_3^2 \tag{4.2}$$

能量 U_1 和 U_3 可以根据试验中的轴向应力—轴向应变曲线采用定积分的黎曼和的方法进行计算，如图 4.1 所示。

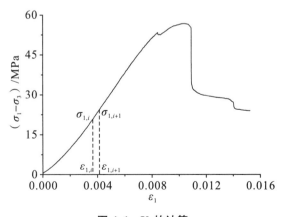

图 4.1　U_1 的计算

在图 4.1 中，第 i 和 $i+1$ 点之间的梯形面积即为 ΔU_1，通过对轴向应力—

轴向应变曲线进行积分即可获得轴向力提供的总能量。U_3 的计算与 U_1 类似，在此不再赘述，两者的计算公式分别为

$$U_1 = \int \sigma_1 \mathrm{d}\varepsilon_1 = \frac{1}{2} \sum_{i=1}^{n} (\sigma_{1,i} + \sigma_{1,i+1}) \cdot (\varepsilon_{1,i+1} - \varepsilon_{1,i}) \tag{4.3}$$

$$U_3 = 2\int \sigma_3 \mathrm{d}\varepsilon_3 = \sum_{i=1}^{n} (\sigma_{3,i} + \sigma_{3,i+1}) \cdot (\varepsilon_{3,i+1} - \varepsilon_{3,i}) \tag{4.4}$$

式中，$\sigma_{1,i}$ 为轴向应力—轴向应变曲线上第 i 个点的轴向应力，MPa；$\sigma_{1,i+1}$ 为轴向应力—轴向应变曲线上第 $i+1$ 个点的轴向应力，MPa；$\varepsilon_{1,i}$ 为对应于 $\sigma_{1,i}$ 点的轴向应变；$\varepsilon_{1,i+1}$ 为对应于 $\sigma_{1,i+1}$ 点的轴向应变；$\sigma_{3,i}$ 为对应于 $\sigma_{1,i}$ 点的围压，MPa；$\sigma_{3,i+1}$ 为对应于 $\sigma_{1,i+1}$ 点的围压，MPa；$\varepsilon_{3,i}$ 为对应于 $\sigma_{1,i}$ 点的环向应变；$\varepsilon_{3,i+1}$ 为对应于 $\sigma_{1,i+1}$ 点的环向应变。

试样所吸收的能量，一部分会消耗在其内部微裂隙、微孔洞等的压密、闭合以及新裂纹的萌生上，被称为耗散能 U_d；另一部分以弹性能 U_e 的形式存储在其内部，即

$$U_d + U_e = U_0 + U_1 + U_3 \tag{4.5}$$

U_d 的大小反映了试样内部微裂隙萌生成核、扩展和贯通的速率；而 U_e 越大，则试样破坏时所释放的能量越大，产生的动力灾害也越大。

对于弹性能 U_e，一般采用以下公式计算：

$$U_e = \frac{1}{2E_i} \left[\sigma_1^2 + 2\sigma_3^2 - 2\mu_i (2\sigma_1\sigma_3 + \sigma_3^2) \right] \tag{4.6}$$

式中，E_i、μ_i 分别为 i 时刻的弹性模量和泊松比。

图 4.2 展示了煤样在 10 MPa 围压条件的常规压缩过程中的能量演化曲线。在压密阶段 OA，U_1 增加缓慢，U_3 基本不变（环向变形基本不变），U_e、U_d 也很小，各条曲线基本重合，表明压密阶段煤样内部裂纹闭合时虽有能量耗散，但消耗的能量很低。

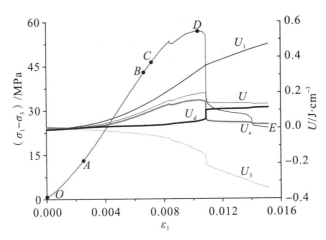

图 4.2　煤样三轴常规压缩的能量演化曲线

在线弹性变形阶段 AB，随着轴向力的增加，U_1 开始逐步增大，且增加速度越来越快，曲线呈上凹型，U_3 增加速度也变快，表明煤样环向应变开始增加；由于此阶段基本没有裂纹产生，所以能量大部分以弹性能 U_e 的形式存储起来，耗散能 U_d 相对较小。

在裂隙初始扩展阶段 BC，U_1 曲线继续上凹，煤样内部裂纹开始大量地萌生成核，并逐步扩展，U_d 开始增加，环向应变逐步增大，$|U_3|$ 也有较大增长。

在宏观裂纹形成阶段 CD，U_1 增速加大，煤样内部微裂纹开始扩展贯通，并逐步形成宏观裂纹，U_d 增速加快，由于环向应变绝对值迅速增大，U_3 绝对值也显著增大。

在峰后阶段 DE，宏观裂隙贯穿试件，大量的弹性能 U_e 释放，U_e 曲线呈跌落状，耗散能 U_d 急剧增加，由于试件破坏，使得试件发生轴向变形和环向变形时需要的能量减少，所以，U_1 和 U_3 绝对值的增速减小；在残余强度阶段，试样沿宏观破裂面产生滑移摩擦，U_d 继续增大，而 U_e 保持稳定。

4.1.2　周期荷载作用下岩石的能量计算

周期荷载作用下岩石的能量计算过程可分为两个阶段：①单调加载阶段，其与常规压缩时的能量计算公式相同；②周期性的循环加卸载阶段，在单轴条件下，每一个循环加卸载过程中所消耗的能量 U_d 由轴向应力—轴向应变曲线所形成的滞回环面积 U_{d1} 来描述；三轴条件下，每一个循环加卸载过程所消耗的能量 U_d 由轴向应力—轴向应变曲线所形成的滞回环面积 U_{d1} 与对应的围压—环向应变曲线所形成的滞回环面积 U_{d3} 之和来描述；滞回环的面积即为加载段曲线面积与卸载段曲线面积之差。本书以图4.3中的轴向应力—轴向应变滞回环曲线为例，详细说明滞回环面积的计算过程。

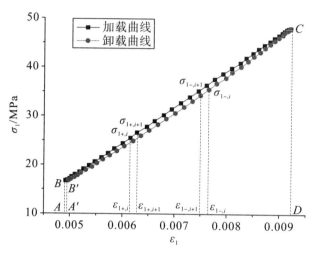

图4.3 轴向滞回环面积的计算

在图4.3中，加载段的面积即为 $ABCD$ 所围成的面积，为一个循环过程中轴向荷载所做的轴向单位体积能 U_{1+}；而卸载段的面积即为 $A'B'CD$ 所围成的面积，为一个循环过程中可释放的轴向单位体积弹性能 U_{1-}。由于 U_{1+} 为正值，U_{1-} 为负值，所以加载段与卸载段的面积之和也就是轴向单位体积耗散能 U_{d1}。它们可按照图4.3中第 i 段的梯形面积通过黎曼和求得。即轴向单位体积能 U_{1+}、单位体积弹性能 U_{1-} 和单位体积耗散能 U_{d1} 之间的关系可表示为

$$U_{d1} = U_{1+} + U_{1-} = \frac{1}{2}\left[\sum_{i=1}^{m} (\sigma_{1+,i} + \sigma_{1+,i+1}) \cdot (\varepsilon_{1+,i+1} - \varepsilon_{1+,i}) + \right.$$

$$\left. \sum_{i=1}^{n} (\sigma_{1-,i} + \sigma_{1-,i+1}) \cdot (\varepsilon_{1-,i+1} - \varepsilon_{1-,i}) \right] \tag{4.7}$$

式中，U_{d1} 为轴向单位体积耗散能，$J \cdot cm^{-3}$；U_{1+} 为轴向单位体积能，用轴向应力—轴向应变加载曲线下的面积表示，$J \cdot cm^{-3}$；U_{1-} 为轴向单位体积弹性能，用轴向应力—轴向应变卸载曲线下的面积表示，$J \cdot cm^{-3}$；$\sigma_{1+,i}$ 为轴向加载曲线上第 i 个点的轴向应力，MPa；$\sigma_{1+,i+1}$ 为轴向加载曲线上第 $i+1$ 个点的轴向应力，MPa；$\varepsilon_{1+,i}$ 为轴向加载曲线上第 i 个点的轴向应变；$\varepsilon_{1+,i+1}$ 为轴向加载曲线上第 $i+1$ 个点的轴向应变；$\sigma_{1-,i}$ 为轴向卸载曲线上第 i 个点的轴向应力，MPa；$\sigma_{1-,i+1}$ 为轴向卸载曲线上第 $i+1$ 个点的轴向应力，MPa；$\varepsilon_{1-,i}$ 为轴向卸载曲线上第 i 个点的轴向应变；$\varepsilon_{1-,i+1}$ 为轴向卸载曲线上第 $i+1$ 个点的轴向应变。

相应地，环向单位体积能 U_{3+}、单位体积弹性能 U_{3-} 和单位体积耗散能 U_{d3} 之间的关系可表示为

$$U_{d3} = U_{3+} + U_{3-} = \sum_{i=1}^{m} (\sigma_{3+,i} + \sigma_{3+,i+1}) \cdot (\varepsilon_{3+,i+1} - \varepsilon_{3+,i}) +$$

$$\sum_{i=1}^{n} (\sigma_{3-,i} + \sigma_{3-,i+1}) \cdot (\varepsilon_{3-,i+1} - \varepsilon_{3-,i}) \qquad (4.8)$$

式中，U_{d3} 为环向单位体积耗散能，$J \cdot cm^{-3}$；U_{3+} 为环向单位体积能，用与轴向应力—轴向应变加载曲线对应的围压—环向应变曲线下的面积表示，$J \cdot cm^{-3}$；U_{3-} 为环向单位体积弹性能，用与轴向应力—轴向应变卸载曲线对应的围压—环向应变卸载曲线下的面积表示，$J \cdot cm^{-3}$；$\sigma_{3+,i}$ 为与轴向加载曲线上第 i 点相对应的围压值，MPa；$\sigma_{3+,i+1}$ 为与轴向加载曲线上第 $i+1$ 点相对应的围压值，MPa；$\varepsilon_{3+,i}$ 为与轴向加载曲线上第 i 点相对应的环向应变；$\varepsilon_{3+,i+1}$ 为与轴向加载曲线上第 $i+1$ 点相对应的环向应变；$\sigma_{3-,i}$ 为与轴向卸载曲线上第 i 点相对应的围压值，MPa；$\sigma_{3-,i+1}$ 为与轴向卸载曲线上第 $i+1$ 点相对应的围压值，MPa；$\varepsilon_{3-,i}$ 为与轴向卸载曲线上第 i 点相对应的环向应变；$\varepsilon_{3-,i+1}$ 为与轴向卸载曲线上第 $i+1$ 点相对应的环向应变。

当分别按照加载阶段和卸载阶段计算能量时，试样在加载阶段的总能量为

$$U_{+} = U_{1+} + U_{3+} = \frac{1}{2} \sum_{i=1}^{m} (\sigma_{1+,i} + \sigma_{1+,i+1}) \cdot (\varepsilon_{1+,i+1} - \varepsilon_{1+,i}) +$$

$$\sum_{i=1}^{m} (\sigma_{3+,i} + \sigma_{3+,i+1}) \cdot (\varepsilon_{3+,i+1} - \varepsilon_{3+,i}) \qquad (4.9)$$

试样在卸载阶段的总能量为

$$U_{-} = U_{1-} + U_{3-} = \frac{1}{2} \sum_{i=1}^{n} (\sigma_{1-,i} + \sigma_{1-,i+1}) \cdot (\varepsilon_{1-,i+1} - \varepsilon_{1-,i}) +$$

$$\sum_{i=1}^{n} (\sigma_{3-,i} + \sigma_{3-,i+1}) \cdot (\varepsilon_{3-,i+1} - \varepsilon_{3-,i}) \qquad (4.10)$$

试样单位体积耗散能为

$$U_d = U_{d1} + U_{d3} = U_{+} + U_{-} \qquad (4.11)$$

需要说明的是，本书中所计算的耗散能均用单位体积岩石的能量密度表示。

4.1.3　周期荷载作用下煤样耗散能演化特征

在周期荷载试验的单调加载阶段，其能量计算方法与常规压缩过程中的能量计算方法相同，不再赘述。本节主要讨论煤样在周期荷载的每一个循环加卸

载过程中的耗散能演化特征。

（1）单级周期荷载作用下煤样耗散能演化特征。

在单一应力水平的单轴周期荷载试验中，当周期荷载峰值应力低于煤样的疲劳强度时，耗散能—循环次数关系曲线呈近似的"L"形，耗散能具有初始和稳定二阶段演化特征，如图 4.4（a）所示；当施加的周期荷载峰值应力超过煤样的疲劳强度时，耗散能—循环次数关系曲线呈近似的"U"形，此时耗散能具有初始、等速和加速三阶段演化规律，如图 4.4（b）所示。图 4.5 为单轴周期荷载作用下煤样轴向应变、轴向不可逆应变和耗散能演化曲线之间的对比及三阶段划分。

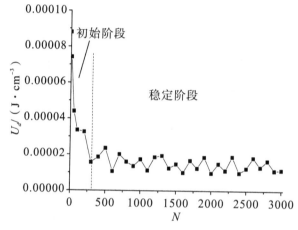

（a）耗散能"L"形演化曲线

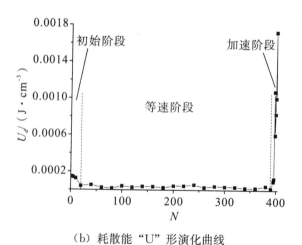

（b）耗散能"U"形演化曲线

图 4.4　单轴周期荷载作用下煤样耗散能演化曲线类型

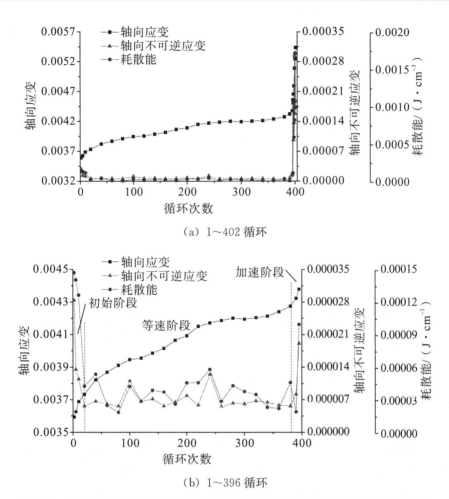

（a）1～402 循环

（b）1～396 循环

图 4.5　单轴周期荷载作用下煤样轴向应变、轴向不可逆应变、耗散能演化曲线

何明明等对单轴周期荷载作用下砂岩的耗散能特征进行了研究，试验共分为 5 组试样，周期荷载下限应力固定为 40 MPa，上限应力分别设置为 60 MPa、70 MPa、80 MPa、85 MPa 和 94.46 MPa，不同应力振幅时砂岩的耗散能随循环次数演化特征如图 4.6 所示。

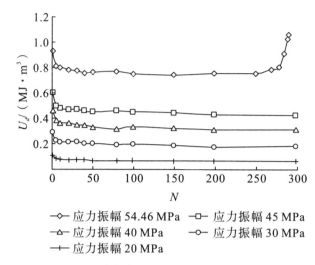

图 4.6　耗散能与应力振幅、循环次数的关系曲线

图 4.6 表明：当周期荷载峰值应力低于砂岩的疲劳强度时，耗散能曲线具有二阶段演化特征，曲线呈现"L"形；当周期荷载峰值应力超过砂岩的疲劳强度时，耗散能曲线具有三阶段演化特征，曲线呈现"U"形。通过与图 4.4 对比可知，周期荷载作用下煤岩与砂岩的"L"形及"U"形耗散能演化特征相一致。

在 5 MPa 围压条件的单一应力水平周期荷载试验中，当周期荷载峰值应力低于煤样的疲劳强度时，耗散能—循环次数关系曲线呈近似的"L"形，耗散能具有初始和稳定二阶段演化特征，如图 4.7（a）所示；当周期荷载峰值应力超过煤样的疲劳强度时，耗散能—循环次数关系曲线呈近似的"U"形，此时耗散能具有初始、等速和加速三阶段演化规律，如图 4.7（b）所示。即在单轴和三轴周期荷载作用下，煤样的"L"形及"U"形耗散能演化特征也具有一致性。图 4.8 为煤样在 5 MPa 围压的周期荷载作用下的轴向应变、轴向不可逆应变和耗散能演化曲线之间的对比及三阶段划分。

图 4.4（a）和图 4.7（a）表明：在单轴和三轴条件下，当周期荷载峰值应力低于煤样的疲劳强度时，耗散能具有初始和稳定二阶段演化特征；图 4.5 和图 4.8 表明：在单轴和三轴条件下，当周期荷载峰值应力超过煤样疲劳强度时，煤样的轴向应变、轴向不可逆应变和耗散能均存在初始、等速和加速三阶段演化规律，且三阶段范围的划分基本一致。

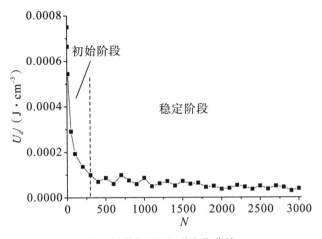

（a）耗散能"L"形演化曲线

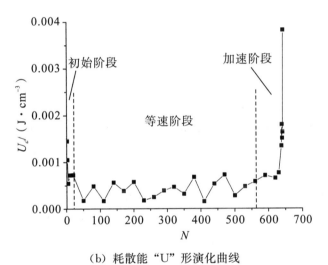

（b）耗散能"U"形演化曲线

图 4.7 三轴周期荷载下煤样耗散能演化曲线类型

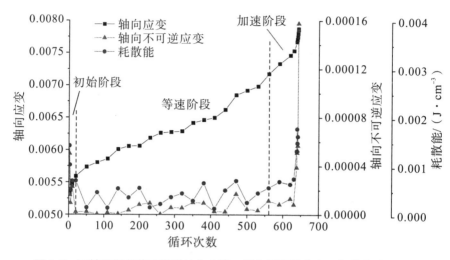

图 4.8　三轴周期荷载下煤样轴向应变、轴向不可逆应变、耗散能演化曲线

事实上，煤样的轴向应变、轴向不可逆应变和耗散能均与煤样内部微裂纹的发展演化密切相关。在初始阶段，随着循环次数的增加，煤样原生的微孔洞、微裂隙等逐渐压密、闭合，试样变形能力降低，轴向不可逆应变逐渐减小，轴向应变将以降低的速率增加，耗散能逐渐减小；在等速阶段，随着循环次数的增加，煤样内部微裂纹开始萌生并稳定扩展，轴向不可逆应变在某一均值线附近波动，轴向应变基本呈线性增加，耗散能基本保持稳定；在加速阶段，随着循环次数的增加，煤样内部微裂纹开始扩展、贯通，并逐渐形成宏观裂纹，煤样变形速度加快，轴向不可逆应变逐渐增大，轴向应变以增加的速率增加，耗散能逐渐增大；在煤样即将破坏前的几个循环弹性能开始大量释放，耗散能急剧增大，在煤样破坏时弹性能完全释放并产生动力现象。所以，当煤体内部应力较高时，必须对其进行卸压处理，降低弹性能储量，以防止动力灾害现象发生。

（2）多级周期荷载作用下煤样耗散能演化特征。

与单一应力水平的周期荷载试验相比，在固定下限应力水平的多级周期荷载试验中，从周期荷载的第二级应力水平开始，耗散能—循环次数关系曲线将发生较大变化，如图 4.9 所示。图 4.9 分别展示了 0 MPa、5 MPa 和 10 MPa 围压条件，煤样在频率为 0.25 Hz 和 0.5 Hz 的周期荷载作用下的耗散能—循环次数关系曲线。

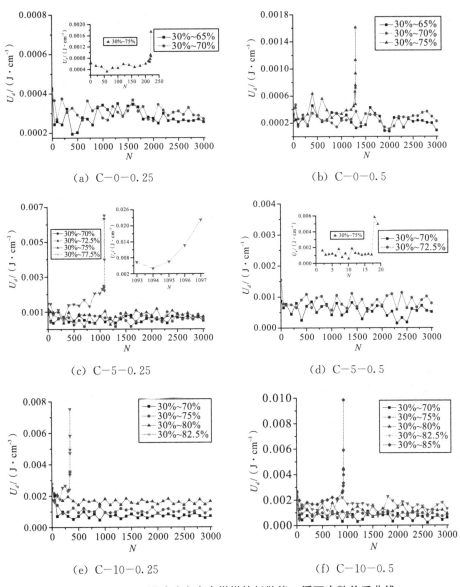

图 4.9　不同试验方案中煤样的耗散能—循环次数关系曲线

由图 4.9 可以看出，从周期荷载的第二级应力水平直至煤样破坏前一级应力水平，耗散能—循环次数关系曲线的"L"形演化特征不再明显；在破坏应力水平，耗散能—循环次数关系曲线的"U"形特征也不如图 4.4（b）和图 4.7（b）明显。原因主要有三点：①一定的应力水平引起的煤样变形存在一个定值，当在一定频率的周期荷载作用下，循环次数越多，煤样的变形量越大，在提高应力水平后，新应力水平的第一个应力峰值点所对应的应变比直接单调加载至这一应力水平时大，煤样在新应力水平的可变形量降低。所以，在新应力水平循环初期，煤样变形速率降低，产生的耗散能减小。②煤样变形具有明显的非线性特征。③煤样变形具有显著的黏滞性，即当应力单调加载至某一定值时煤样变形不会立即完成，还需要较长的时间才会达到最终稳定的变形量。由此可知，在固定下限应力水平的多级周期荷载试验中，前一级周期荷载的应力水平及循环次数会对后一级周期荷载作用下煤样在初始阶段的变形及耗散能演化产生很大影响。

不管是在单级还是多级周期荷载作用下，煤样在破坏前都存在耗散能随循环次数不断增大的现象，反映了煤样内部微裂纹的加速扩展以及损伤的迅速增加，这一现象可作为煤样疲劳破坏的前兆特征。

4.1.4　周期荷载作用下煤样耗散能特征的影响因素

（1）应力水平对耗散能的影响。

图 4.9 表明：某些时候，煤样在较高应力水平条件下的耗散能也会小于较低应力水平时的耗散能。通过观察曲线形态可知，虽然耗散能曲线波动性较大，但基本是在一条均值线附近波动，可以采用求平均值的方法对煤样在不同应力水平时的耗散能大小进行比较。表 4.1 列出了六种试验方案中煤样在不同应力水平时的平均耗散能（破坏应力水平的平均耗散能是将加速阶段以前的耗散能求平均值获得）。

当围压分别为 0 MPa、5 MPa 和 10 MPa 时，煤样在频率为 0.25 Hz 和 0.5 Hz 的周期荷载作用下的平均耗散能随应力水平的变化曲线如图 4.10 所示。在固定下限应力水平的多级周期荷载试验中，随着上限应力水平的提高，煤样的平均耗散能增大，且这一规律并不受围压和周期荷载频率的影响。这是因为在相同围压条件及相同频率的周期荷载作用下，随着应力水平的提高，输入到煤样内部的能量随之增大，这使得煤样内部更容易产生微破裂而消耗能量。

表 4.1　不同试验方案中煤样的平均耗散能与应力水平的关系

围压/MPa	频率/Hz	应力水平/%	平均耗散能/(J·cm^{-3})	围压/MPa	频率/Hz	应力水平/%	平均耗散能/(J·cm^{-3})
0	0.25	30~65	0.000283632	0	0.5	30~65	0.000239196
		30~70	0.000311823			30~70	0.000268435
		30~75	0.000601571			30~75	0.000455973
5	0.25	30~70	0.000570631	5	0.5	30~70	0.000566339
		30~72.5	0.000608323			30~72.5	0.000849517
		30~75	0.000795508			30~75	0.001168365
		30~77.5	0.001634991			—	—
10	0.25	30~70	0.000825055	10	0.5	30~70	0.000715748
		30~75	0.00110862			30~75	0.000903355
		30~80	0.001675317			30~80	0.001214165
		30~82.5	0.002373392			30~82.5	0.001551078
		—	—			30~85	0.002224884

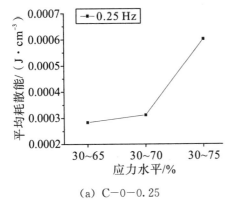

(a) C—0—0.25

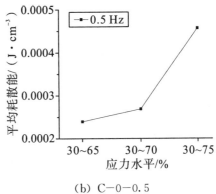

(b) C—0—0.5

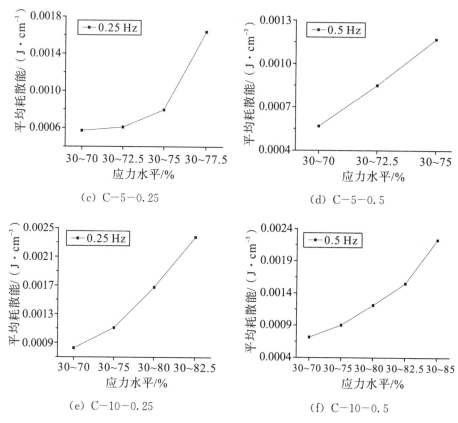

(c) C—5—0.25   (d) C—5—0.5

(e) C—10—0.25   (f) C—10—0.5

图 4.10　不同试验方案中煤样的平均耗散能—应力水平关系曲线

（2）围压对耗散能的影响。

在研究耗散能随围压的变化规律时，所选择的周期荷载应力水平上限应当低于煤样的疲劳强度。前面的研究表明：单轴条件下煤样的疲劳强度门槛值为其常规压缩强度的 76% 左右；考虑到三轴试验中第一级周期荷载应力水平为常规压缩强度的 70%，所以，本书选择 30%～70% 应力水平时煤样的平均耗散能进行对比分析，煤样在频率为 0.25 Hz 和 0.5 Hz 的周期荷载作用下的平均耗散能随围压的变化规律如图 4.11 所示。

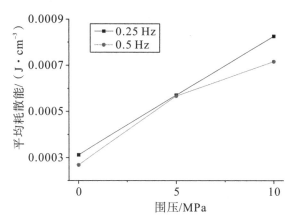

图 4.11　平均耗散能—围压关系曲线

图 4.11 表明，当频率为 0.25 Hz 和 0.5 Hz 的周期荷载应力水平上限低于煤样的疲劳强度且保持不变时，随着围压的提高，煤样的平均耗散能逐渐增大。原因在于：①在同一应力水平，围压越高，作用在试样轴向的应力 σ_1 越大，轴向单位体积耗散能越大；②在同一应力水平，围压越高，试样环向变形越小，但围压做负功的能力远小于轴向力做正功的能力，由于两者之和即是单位体积耗散能，所以耗散能将随着围压的提高而增大。

（3）周期荷载频率对耗散能的影响。

周期荷载频率对岩石疲劳特性的影响比较复杂，且没有统一的共识。但大多数的成果表明，在高频率条件下，周期荷载频率对岩石疲劳特性没有明显影响；在低频率条件下，周期荷载频率越高，岩石的疲劳寿命越长，也即每个循环产生的不可逆应变越小，耗散能也越小。然而，对于不同种类的岩石，其所对应的高频率与低频率的划分并不相同。由于不同的煤样在强度、变形等方面存在较大的离散性，为用最少的试验次数获取频率为 0.25 Hz 和 0.5 Hz 的周期荷载对煤样耗散能的影响，本书设计了如下试验方案：

①在不同的围压条件，只选择一个煤样进行不同频率的周期荷载试验，周期荷载应力水平分别为 30%～65%、30%～70%、30%～75% 和 30%～80%；

②首先采用频率为 0.5 Hz 的周期荷载在 30%～65% 应力水平循环加卸载 1000 次（此时煤样变形已经处于等速阶段），然后采用频率为 0.25 Hz 的周期荷载循环加卸载 100 次；

③提高至 30%～70% 应力水平，先采用频率为 0.5 Hz 的周期荷载循环加卸载 1000 次，然后采用频率为 0.25 Hz 的周期荷载循环加卸载 100 次；

④提高至 30%～75% 应力水平，先采用频率为 0.5 Hz 的周期荷载循环加

卸载 1000 次，然后采用频率为 0.25 Hz 的周期荷载循环加卸载 100 次；

⑤提高至 30%～80%应力水平，先采用频率为 0.5 Hz 的周期荷载循环加卸载 1000 次，然后采用频率为 0.25 Hz 的周期荷载循环加卸载 100 次；

⑥选取 980～1000 循环计算耗散能并求平均值作为频率为 0.5 Hz 周期荷载的平均耗散能，选取频率为 0.25 Hz 时的 10～30 循环计算耗散能并求平均值作为其平均耗散能。

当围压分别为 0 MPa、5 MPa 和 10 MPa 时，煤样在频率为 0.25 Hz 和 0.5 Hz 周期荷载作用下的平均耗散能随应力水平的关系曲线如图 4.12 所示。

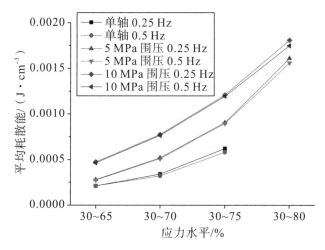

图 4.12　平均耗散能—应力水平关系曲线

当周期荷载应力水平较低（单轴时峰值应力低于常规压缩强度的 70%，5 MPa 和 10 MPa 围压时峰值应力低于常规压缩强度的 75%）时，在两种频率的周期荷载下，煤样的平均耗散能相差不大。这是由于此时的应力水平低于煤样的疲劳强度，所以，煤样变形对于周期荷载频率的响应不明显。当周期荷载应力水平较高（单轴时峰值应力不低于常规压缩强度的 70%，5 MPa 和 10 MPa 围压时峰值应力不低于常规压缩强度的 75%）时，煤样在频率为 0.25 Hz 的周期荷载作用下的平均耗散能要比频率为 0.5 Hz 的周期荷载略大。原因在于：此时周期荷载峰值应力接近煤样的疲劳强度，煤样变形对于周期荷载频率的响应越来越敏感（周期荷载频率即代表了不同的加卸载速率），频率越低，一个循环内煤样变形时间越长，产生的不可逆变形越大，耗散能也越大。

当围压分别为 0 MPa、5 MPa 和 10 MPa 时，煤样在频率为 0.25 Hz 和 0.5 Hz 的周期荷载作用下的平均耗散能与应力水平之间的拟合曲线如图 4.13

所示。拟合曲线的决定系数均超过了 0.98，表明平均耗散能与周期荷载应力水平呈现良好的指数函数关系。

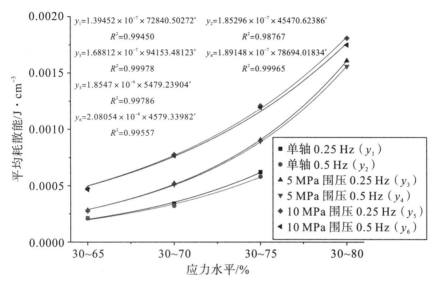

图 4.13 平均耗散能—应力水平拟合曲线

一些研究也表明：低频率的周期荷载对岩石疲劳损伤有显著影响，但当周期荷载频率较高（15～55 Hz）时，对岩石疲劳特性影响很小。由于疲劳试验时间长，本书只进行了频率为 0.25 Hz 和 0.5 Hz 的周期荷载试验，以后还需要开展更多频率的周期荷载试验来研究煤样的疲劳特性。

4.1.5 周期荷载作用下煤样耗散能的多变量拟合

何明明等发现耗散能与应力振幅呈幂指数关系，并给出了以下拟合公式：

$$U(\Delta\sigma, N) = aN^b (\Delta\sigma)^{cN^d} \tag{4.12}$$

式中，U 为耗散能；N 为循环次数；$\Delta\sigma$ 为应力振幅；a、b、c、d 分别是与煤样性质有关的参数。

实际上，式（4.12）只描述了耗散能随循环次数的"L"形演化特征，并没有描述耗散能在破坏应力水平的"U"形演化特征。一般地，无论采用线性、对数、指数、幂型函数及它们的组合形式，均不能很好地描述耗散能的"U"形演化特征。对于"U"形及其他更加复杂曲线的拟合，有两种方法：①将曲线分段，对每一段曲线，选取合适的函数进行拟合，由于曲线分段要受到人为因素的影响，且不可避免地存在主观性和误差，其分段结果并不唯一；②采用多项式函数进行拟合，多项式函数在拟合离散数据方面比其他函数具有明显的优势。通过观察破坏应力水平时的耗散能曲线形态可知：煤样的耗散能局部波动性较大。当采用分段拟合时，对于每一分段，采用线性、对数、指数、幂型函数也难以取得理想的拟合效果，但多项式函数可以对离散性大的数据进行较好的拟合。在单轴条件下，耗散能与轴向应力 σ_1、轴向应变 ε_1 和循环次数 N 相关；在三轴条件下，耗散能与轴向应力 σ_1、轴向应变 ε_1、围压 σ_3、环向应变 ε_3 和循环次数 N 相关。基于此，本书提出了以下的多变量拟合公式：

$$U_d = Y \times \Delta\sigma_1 \times \Delta\varepsilon_1 \tag{4.13}$$

$$U_d = Y \times (\Delta\sigma_1 \times \Delta\varepsilon_1 - f \times \sigma_3 \times \Delta\varepsilon_3) \tag{4.14}$$

式中，U_d 为耗散能；Y 为多项式函数，它的作用是描述耗散能演化的非线性特性，其次数大于等于 2；$\Delta\sigma_1$、$\Delta\varepsilon_1$、σ_3、$\Delta\varepsilon_3$ 分别是轴向应力振幅、轴向应变振幅、围压和环向应变振幅；f 为待确定的系数。

需要说明的是，式（4.13）为单轴周期荷载下的耗散能拟合公式，式（4.14）为三轴周期荷载下的耗散能拟合公式。

Origin 绘图软件具有强大的数学处理功能，允许用户自定义多变量函数并进行多变量拟合，且 Origin 软件还可以对用户自定义函数进行编译和验证。基于此，本书中的多变量函数拟合与分析均是在 Origin 绘图软件里完成。

图 4.14 展示了 Y 为二次多项式时，不同实验方案中煤样在破坏应力水平破坏点之前耗散能演化特征的拟合结果，其决定系数 R^2 分别为 0.76、0.36884、0.80034、0.49887、0.84479 和 0.90254。

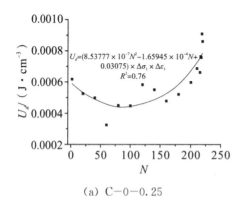

(a) C−0−0.25

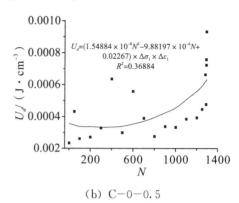

(b) C−0−0.5

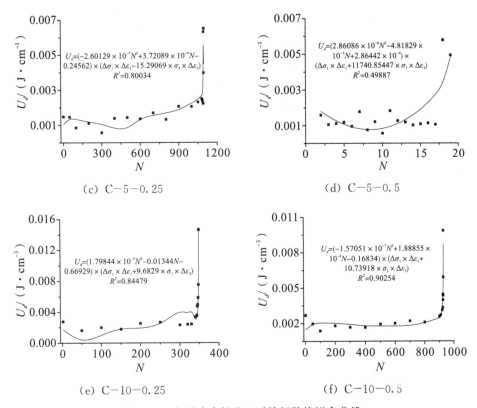

图 4.14　多项式次数为 2 时的耗散能拟合曲线

图 4.15 展示了 Y 为四次多项式时，不同试验方案中煤样在破坏应力水平破坏点之前耗散能演化特征的拟合结果，其决定系数 R^2 分别为 0.82819、0.57624、0.78424、0.75582、0.91552 和 0.91880。

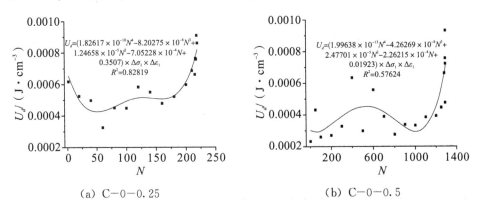

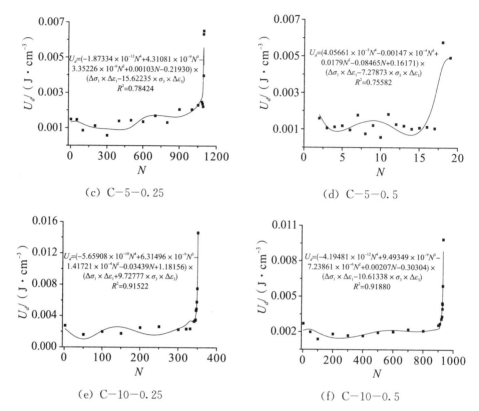

(c) C-5-0.25   (d) C-5-0.5

(e) C-10-0.25   (f) C-10-0.5

图 4.15   多项式次数为 4 时的耗散能拟合曲线

多项式拟合后的相关系数 R 见表 4.2。按照划分标准，$0<R\le0.3$ 为微弱相关，$0.3<R\le0.5$ 为低度相关，$0.5<R\le0.8$ 为显著相关，$0.8<R\le1$ 为高度相关。表 4.2 中的数据表明：拟合曲线与试验数据的相关程度很高，绝大多数属于高度相关，其次为显著相关，无低度相关和微弱相关数据；且在绝大情况下，随着多项式次数的增大，函数拟合后的相关系数增大。另外，随着围压提高，煤样变形的规律性增强，离散性降低，相关系数也呈增大趋势。

表 4.2   不同试验方案中多变量拟合相关系数

多项式次数	不同试验方案的相关系数					
	C-0-0.25	C-0-0.5	C-5-0.25	C-5-0.5	C-10-0.25	C-10-0.5
2	0.87178	0.60732	0.89462	0.70631	0.91912	0.95002
4	0.91005	0.75910	0.88557	0.86938	0.95683	0.95854

4.2　周期荷载作用下煤样疲劳损伤演化

4.2.1　损伤变量的定义

损伤是指在单调加载或重复加载下材料的微缺陷导致其内部黏聚力的进展性减弱，并导致体积单元破坏的现象。在连续损伤力学中，所有的缺陷都被认为是连续的，它们对于材料的影响用一个或几个连续的内部场变量来表示，这种变量称为损伤变量。由于材料的损伤引起材料微观结构和某些宏观物理性质的改变，因此损伤变量定义的基准量可以分为宏观和微观两类。微观基准量主要分为孔隙的数目、长度、面积和体积，孔隙的形状、排列、取向以及裂隙的张开、滑移、闭合或摩擦等性质。宏观基准量主要分为弹性系数（如弹性模量 E 和泊松比 μ）、屈服应力、拉伸强度、延伸率、密度、电阻、超声波波速以及声发射振铃计数等参数。

根据以上基准量，材料的损伤可以用直接法和间接法进行测量。

①直接测量法。它是用金相学方法直接测试材料中各种微观缺陷的数目、形状、大小、分布状态、裂纹性质以及各类损伤所占的比例等。一般常用切片进行电镜观察、扫描电镜结合复印技术、渗透 X 光观测、断层扫描（Computer Tomography，CT）技术、增强 X 射线和软 X 射线等手段。由直接测量法测得的结果具有明确的物理意义，损伤机理也容易被理解，但与材料的宏观力学行为的联系比较困难，需要做一定宏观尺度下的统计处理后才能用于损伤力学的研究，而且对于损伤直观观测结果的准确性还取决于试验技术水平。

②间接测量法。材料的宏观物理力学行为是材料本身微观结构变化的间接反映，通过测试材料的某些宏观物理量可以描述材料的微观结构变化和损伤演化。比如，刚度、强度、不可逆变形、超声波波速、电阻率等变化均能间接地反映材料的受损程度。间接测量法便于开展测量，但想要精确地建立其与材料内部缺陷损伤的对应关系，还难以实现。

对于损伤，我们还必须给出一种定量的计算和表达方式，常见的表达方法有有效截面积法、弹性模量法、超声波波速法、耗散能量法、应变法等。

（1）有效截面积法。

假设材料产生损伤后的瞬时表观接触面面积为 A，横截面上的孔隙、裂

隙面积为 A_1，实际有效的承载面积为 A_2，即

$$A = A_1 + A_2 \tag{4.15}$$

此外，$\varphi = \dfrac{A_2}{A}$ 被定义为连续性因子，损伤变量（损伤因子）被定义为

$$D = \frac{A_1}{A} = \frac{A - A_2}{A} \tag{4.16}$$

两者关系如下：

$$D + \varphi = 1 \tag{4.17}$$

当 $D=0$ 时，表示材料内部无任何缺陷，岩石处于完全无损状态；当 $D=1$ 时，表示材料无有效接触承载面积，即材料已发生破坏。

杨永杰采用这种方法研究了鲍店煤矿 3 煤和新河煤矿 3 煤中的原生损伤对强度特征的影响。首先通过扫描电子显微镜观察不同煤样的微孔隙及微裂隙并拍摄成照片，然后在 Magiscan 图像处理系统上求得裂隙等缺陷所占视面积的百分比，获得煤样的原生损伤，最后进行两种不同原生损伤煤样的单轴常规压缩试验，结果见表 4.3。

表 4.3　鲍店煤矿 3 煤和新河煤矿 3 煤力学参数与损伤变量测试结果

煤层	单轴抗压强度/MPa	弹性模量/MPa	原生损伤/%
鲍店煤矿 3 煤	34.71	4404.75	8.6
新河煤矿 3 煤	23.16	3048.97	11.9

表 4.3 表明，原生损伤较大的煤样抗压强度低，弹性模量也小。虽然有效截面积法在确定和评估煤样的强度方面有一定意义，但是也存在如下缺点：①一般只能对煤样局部的裂隙发育（损伤）情况进行观察，但是煤是一种高度离散性的物质，所以通过局部来反映整体显然是不适合这类材料的；②煤样在发生破坏时，试样的有效承载面积是不为 0 的。所以，采用这种方法定义损伤变量时，其结果与实际的损伤相差较大。

（2）弹性模量法。

经典弹性模量法定义的损伤变量表达式为

$$D = 1 - \frac{E'}{E} \tag{4.18}$$

式中，E' 为受损材料的弹性模量；E 为无损材料的弹性模量。

在弹性模量法中，一般是将材料的卸载刚度作为受损材料的弹性模量。谢和平等的研究表明：该方法仅适用于线弹（脆）性和非线性弹性材料（发生损

伤后没有明显的不可逆变形的材料)。许多试验结果也已经表明：在一定加载条件下，只有当材料内部损伤累积达到一定程度后卸载刚度才开始衰减，而在此之前某损伤状态下的卸载刚度可能大于或等于材料的初始弹性模量，在计算过程中会得出损伤为负值或无损伤的错误结论。所以，这一方法不能反映弹塑性材料的损伤过程。谢和平等针对这一问题对弹性模量法进行了改进，提出了一维条件下不可逆塑性变形影响的弹塑性材料的损伤变量表达式为

$$D = 1 - \frac{\varepsilon - \varepsilon'}{\varepsilon} \frac{E_1}{E_0} \tag{4.19}$$

式中，E_1 为弹塑性损伤材料的卸载刚度；E_0 为弹塑性损伤材料的初始弹性模量；ε' 为卸载后的残余塑性变形；ε 为卸载时的变形。

对于弹性损伤材料，当 $\varepsilon' = 0$ 时，E_1 退化为变形模量，式 (4.19) 退化为式 (4.18)，即式 (4.18) 是式 (4.19) 的一种特例。但采用弹性模量法计算损伤时存在的主要问题是如何确定试样的初始弹性模量。

(3) 超声波波速法。

张敏霞定义的损伤变量表达式为

$$D = 1 - \frac{\widetilde{\rho}}{\rho} \frac{\widetilde{v_L}^2}{v_L^2} \tag{4.20}$$

式中，$\widetilde{\rho}$、$\widetilde{v_L}^2$ 分别为受损材料的密度和纵波波速；ρ、v_L^2 分别表示无损材料的密度和纵波波速。

赵明阶定义的损伤变量表达式为

$$D = 1 - \left(\frac{V_p}{V_{p_f}}\right)^2 \tag{4.21}$$

式中，V_p 为各向同性微裂隙岩石的声波速度，m/s；V_{p_f} 为岩石母体 (无损伤时) 的声波波速，m/s。

如果将式 (4.21) 中的 V_p 以岩石未受荷载时的声速 V_{p_0} 替代，则得到岩石的初始损伤变量为

$$D_0 = 1 - \left(\frac{V_{p_0}}{V_{p_f}}\right)^2 \tag{4.22}$$

式 (4.20)、式 (4.21) 和式 (4.22) 中也存在一个明显的问题，即如何确定无损岩体 (材料) 的声波波速。另外，在周期荷载试验中，超声波波速有时会随着循环次数的增加呈现明显波动，造成损伤出现反复，如图 4.16 所示。所以，采用超声波波速的变化来对岩体的损伤程度进行评价有一定的局限性。

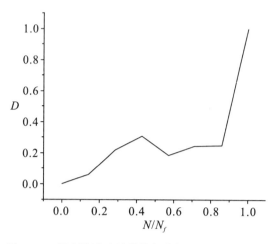

图 4.16　超声波波速计算的损伤与相对循环的关系

（4）残余应变法。

李树春等提出的损伤变量表达式为

$$D = \frac{\varepsilon - \varepsilon_0}{\varepsilon_d - \varepsilon_0} \frac{\varepsilon_d}{\varepsilon} \qquad (4.23)$$

式中，ε_0 表示循环开始时的轴向应变，此时 $D = 0$；ε_d 表示循环结束时的轴向应变，此时 $D = 1$；ε 为某一循环结束时的应变。式（4.23）明显忽略了零循环损伤（在施加周期荷载前的应力单调加载阶段造成的损伤）。

肖建清等采用残余应变定义的损伤变量表达式为

$$D = \frac{\varepsilon_r^n}{\varepsilon_r^f} \qquad (4.24)$$

式中，ε_r^n 表示某一个循环结束时的轴向残余应变；ε_r^f 表示循环结束时的轴向残余应变。式（4.24）将压密阶段的塑性应变也进行了损伤计算，即增大了零循环损伤值，但在计算压密阶段不明显的岩石时，计算的零循环损伤误差较小。

采用残余应变定义的损伤变量，当 $D=0$ 时，表示材料在循环加卸载初期，其内部无损伤，卸载后岩石应力—应变可以恢复到初始位置；当 $D=1$ 时，表示岩石经过多次循环后，其残余应变达到了岩石破坏时的最大残余应变，岩石发生破坏。

（5）耗散能量法。

岩石的疲劳损伤破坏是一种能量非均匀耗散的不可逆过程，其耗散能的演化过程能清晰地反映煤岩体的不可逆变形、损伤及破坏特征。所以，从能量耗散的角度能更清晰地揭示煤岩疲劳损伤演化过程。采用耗散能量法定义的损伤变量为

$$D = \frac{U_n}{U} \qquad (4.25)$$

式中，U_n 为第 n 个循环结束后的累积耗散能；U 为材料发生疲劳破坏时的临界能量耗散值。

（6）声发射累计计数法。

假设无损材料整个截面 A 完全破坏时的累计声发射振铃计数为 C_0，当断面损伤面积达到 A_d 时的累计声发射振铃计数为 C_d，刘保县等定义的损伤变量表达式为

$$D = \left(1 - \frac{\sigma_d}{\sigma_c}\right) \times \frac{C_d}{C_0} \qquad (4.26)$$

董春亮等提出了一种考虑初始损伤的损伤变量表达式为

$$D = D_0 + \left(1 - \frac{\sigma_d}{\sigma_c} - D_0\right) \times \frac{C_d}{C_0} \qquad (4.27)$$

式（4.26）、（4.27）中，$1 - \dfrac{\sigma_d}{\sigma_c}$ 为修正系数，因为在试验过程中，往往煤还没完全破坏（即煤的损伤还没达到 1）时试验机就停机了，增加这一修正系数能更好地反映煤岩真实的损伤状态；σ_d 为残余强度；σ_c 为峰值强度；D_0 为初始损伤。

另外，肖建清等还定义了一种更为简洁的损伤变量表达式，即

$$D = \frac{N}{N_m} \qquad (4.28)$$

式中，N 表示某一个循环结束时的累计声发射计数；N_m 表示试样在发生破坏时的累计声发射计数。

董春亮等发现：采用耗散能量法计算的损伤变化曲线较为平缓光滑；而用声发射振铃计数率计算的损伤则出现多处突变，整个演化过程呈台阶式增长。但总体上两条曲线反映的损伤演化规律基本一致，可分为三个阶段，即损伤缓慢增加阶段 Ⅰ、损伤加速增长阶段 Ⅱ 和残余损伤阶段 Ⅲ，如图 4.17 所示。由于损伤是一种不断累积的渐进演化过程，所以采用耗散能量法定义的损伤变量比采用声发射振铃计数率定义的损伤变量更为合理。

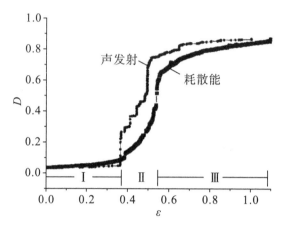

图 4.17　声发射与耗散能定义的损伤变量对比

肖建清提出一个合理的损伤变量定义应当满足以下基本要求：①物理意义明确；②测量比较方便，便于工程应用；③损伤演化规律与材料的实际劣化过程相吻合；④能够考虑初始损伤（岩石加载前已经形成的损伤和施加周期荷载前的应力单调加载阶段造成的损伤）。对于前三条，前面提到的损伤变量定义基本都能满足，但对于有损伤岩体的初始损伤则很难确定。因此，本书主要研究煤样在周期荷载作用下的零循环损伤（在施加周期荷载前的应力单调加载阶段造成的损伤）问题。

一般而言，超声波波速法、残余应变法和声发射累计计数法等都能够获得零循环损伤值，但超声波波速法在计算损伤时具有波动性，声发射累计计数法在计算损伤时会出现多处突变、不具有连续性，而残余应变法随循环次数的增加具有连续性、阶段性、趋势性和不可逆性的特点。所以，残余应变法是一种较为合理的反映疲劳损伤演化的计算方法。

在式（4.23）和式（4.24）的基础上，针对煤的零循环损伤问题，本书采用应变法定义了一种新的损伤变量表达式，即

$$D = \frac{\varepsilon - \varepsilon_0 + \varepsilon_{p_0}}{\varepsilon_d - \varepsilon_0 + \varepsilon_{p_0}} \tag{4.29}$$

式中，D 为损伤变量，试样破坏时，定义 $D=1$；ε_{p_0} 为施加周期荷载前引起的轴向塑性应变与压密阶段的塑性应变之差，即压密阶段的塑性应变不参与损伤计算（因为压密阶段几乎不产生微裂纹，引起的塑性应变不会对煤样强度有明显影响），图 4.18 表明了其计算方法；ε_0 为第一个周期荷载开始时的轴向应变；ε 为某一个周期荷载结束时的轴向应变；ε_d 代表煤样破坏时的轴向应变。

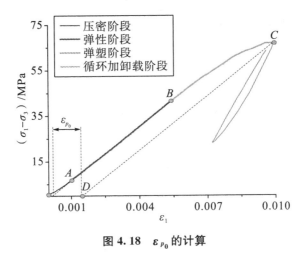

图 4.18　ε_{p_0} 的计算

注：直线 AB 的斜率代表在弹性阶段中求得的弹性模量，直线 CD 的斜率与其相等。

4.2.2　疲劳损伤演化规律

图 4.19 为煤样在高应力水平的单轴周期荷载作用下，分别采用式（4.23）、式（4.24）和式（4.29）计算的疲劳损伤变量演化曲线，其零循环损伤分别为 0、0.243090968 和 0.092195479。

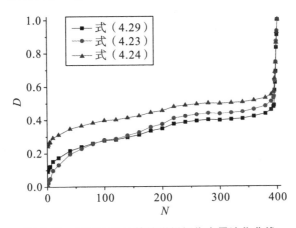

图 4.19　不同方法计算的煤样损伤变量演化曲线

结果表明：三种方法计算的损伤变量均能描述煤样疲劳损伤的三阶段演化特征，但式（4.23）没有考虑零循环损伤，式（4.24）将压密阶段的塑性应变也进行了损伤计算，即增大了零循环损伤值，式（4.29）计算的零循环损伤则较为合理。

表 4.4 列出了围压分别为 0 MPa、5 MPa 和 10 MPa 时，煤样在频率为 0.25 Hz 和 0.5 Hz 的周期荷载下不同应力水平时的损伤值，图 4.20 为相应的损伤变量演化曲线。由于施加的第一级周期荷载应力水平较低，煤样的零循环损伤值均较小。

表 4.4　不同试验方案中煤样损伤变量与应力水平之间的关系

围压/MPa	频率/Hz	应力水平/%	损伤变量		围压/MPa	频率/Hz	应力水平/%	损伤变量	
0	0.25	30~65	零循环	0.011873052	0	0.5	30~65	零循环	0.005663776
			结束	0.077488099				结束	0.008655987
		30~70	初始	0.144275437			30~70	初始	0.077075506
			结束	0.209890485				结束	0.194274730
		30~75	初始	0.221215788			30~75	初始	0.218018521
			结束	1				结束	1
5	0.25	30~70	零循环	0.003274243	5	0.5	30~70	零循环	0.005097418
			结束	0.017225329				结束	0.144532225
		30~72.5	初始	0.025477247			30~72.5	初始	0.238074475
			结束	0.038457570				结束	0.701672905
		30~75	初始	0.046726565			30~75	初始	0.705970908
			结束	0.082161963				结束	1
		30~77.5	初始	0.118849075			—	—	—
			结束	1				—	—
10	0.25	30~70	零循环	0.005993458	10	0.5	30~70	零循环	0.003716267
			结束	0.020247137				结束	0.006474501
		30~75	初始	0.066695445			30~75	初始	0.051894612
			结束	0.103403254				结束	0.068673081
		30~80	初始	0.165295568			30~80	初始	0.107104743
			结束	0.268655725				结束	0.127640499
		30~82.5	初始	0.323480829			30~82.5	初始	0.166409945
			结束	1				结束	0.186237872
		—	—	—			30~85	初始	0.248890704
			—	—				结束	1

图 4.20（a）、（c）、（e）和（f）表明：当第一级周期荷载峰值应力水平较低时，随着循环次数的增加，煤样在产生很小的损伤后损伤变量基本不再增

加，即在低应力水平，煤样不会发生破坏。图 4.20（d）表明：当第一级周期荷载峰值应力水平较高时，随着循环次数增加煤样损伤不断增大，并保持稳定的增长态势，虽然在设定的 3000 次循环加卸载中煤样没有发生破坏，但如果施加足够多次数（比如几十万次）的周期荷载时煤样有可能发生破坏。在破坏应力水平，煤样损伤随循环次数发展较快，且在破坏前每个循环产生的损伤不断增大，这表明煤样的破坏过程发展较快，在破坏时具有突然性。

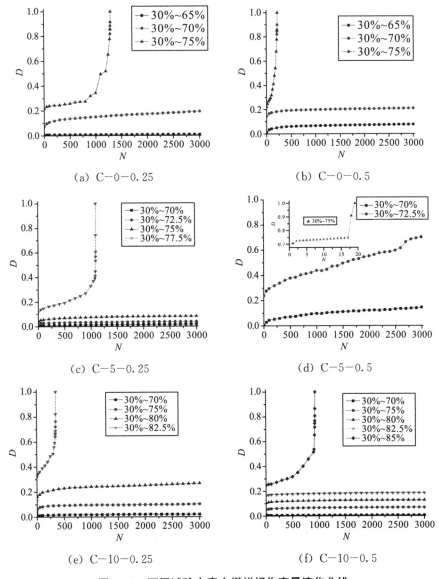

图 4.20　不同试验方案中煤样损伤变量演化曲线

　　煤样疲劳损伤变量演化曲线表明：煤样疲劳破坏是损伤不断缓慢累积的过程，但在疲劳破坏前兆特征出现后损伤迅速增加，煤样破坏表现出明显的突然性。在现场工程实践中，即使获取了煤体疲劳失稳的前兆信息也往往很难采取有效措施防止其损伤的进一步演化，即对于煤体的疲劳失稳，应以预防为主。以煤柱为例，在进行尺寸设计时，要充分考虑煤柱附近的采动应力影响情况，确保煤柱在其服务年限内稳定的同时，还要尽可能减少煤炭损失，即当煤柱疲劳损伤演化过程与图 4.20（b）中第一级周期荷载时的损伤变量曲线相同时为最佳。

参考文献

[1] Fan J Y, Chen J, Jiang D Y, et al. Discontinuous cyclic loading tests of salt with acoustic emission monitoring [J]. Int. J. Fatigue, 2017, 94 (1)：140−144.

[2] 陈子全，李天斌，陈国庆，等. 不同应力路径下砂岩能耗变化规律试验研究 [J]. 工程力学，2016, 33 (6)：120−128.

[3] 董春亮，赵光明. 基于能量耗散和声发射的岩石损伤本构模型 [J]. 地下空间与工程学报，2015, 11 (5)：1116−1128.

[4] 何明明，陈蕴生，李宁，等. 单轴循环荷载作用下砂岩变形特性与能量特征 [J]. 煤炭学报，2015, 40 (8)：1805−1812.

[5] 黄达，谭清，黄润秋. 高围压卸荷条件下大理岩破碎块度分形特征及其与能量相关性研究 [J]. 岩石力学与工程学报，2012, 31 (7)：1379−1389.

[6] 黄达，谭清，黄润秋. 高应力强卸荷条件下大理岩损伤破裂的应变能转化过程机制研究 [J]. 岩石力学与工程学报，2012, 31 (12)：2483−2493.

[7] 李杨杨. 采动影响下煤（岩）体变形破坏特征及能量演化规律研究 [D]. 青岛：山东科技大学，2015.

[8] 李子运，吴光，黄天柱，等. 三轴循环荷载作用下页岩能量演化规律及强度失效判据研究 [J]. 岩石力学与工程学报，2018, 37 (3)：662−670.

[9] 刘保县，黄敬林，王泽云，等. 单轴压缩煤岩损伤演化及声发射特性研究 [J]. 岩石力学与工程学报，2009, 28 (S1)：3234−3238.

[10] 刘江伟，黄炳香，魏民涛. 单轴循环荷载对煤弹塑性和能量积聚耗散的影响 [J]. 辽宁工程技术大学学报（自然科学版），2012, 31 (1)：26−30.

[11] 刘新东，郝际平. 连续介质损伤力学 [M]. 北京：国防工业出版社，2011.

[12] 马德鹏. 岩石三轴卸围压破坏机理及前兆特征基础实验研究 [D]. 青岛：山东科技大学，2016.

[13] 汪泓，杨天鸿，刘洪磊，等. 循环荷载下干燥与饱和砂岩力学特性及能量演化 [J]. 岩土力学，2017, 38 (6)：1600−1608.

[14] 王亚松，马林建，刘新宇，等. 岩石蠕变及疲劳损伤特性的研究进展 [J]. 工业建筑，2016，46（4）：120−127，168.

[15] 肖建清. 循环荷载作用下岩石疲劳特性的理论与实验研究 [D]. 长沙：中南大学，2009.

[16] 谢和平，鞠杨，董利. 经典损伤定义中的"弹性模量法"探讨 [J]. 力学与实践，1997，19（2）：1−5.

[17] 杨永杰. 煤岩强度、变形及微震特征的基础试验研究 [D]. 青岛：山东科技大学，2006.

[18] 张媛. 循环荷载条件下岩石变形损伤及能量演化的实验研究 [D]. 重庆：重庆大学，2011.

[19] 张志镇，高峰. 单轴压缩下岩石能量演化的非线性特性研究 [J]. 岩石力学与工程学报，2012，31（6）：1198−1207.

[20] 赵闯，武科，李术才，等. 循环荷载作用下岩石损伤变形与能量特征分析 [J]. 岩土工程学报，2013，35（5）：890−896.

第5章 三轴周期荷载作用下煤样
疲劳破坏的分形特征

在传统几何学中所描述的事物都是整数维的,如维数 0、1、2 和 3,它们分别对应于点、线、面和体。但法国数学家曼德尔勃罗特(B. B. Mandelbrot)认为采用整数维是不能准确地描述自然界中的大部分事物的,因此提出了维数可以为分数的概念,这直接颠覆了人们对于自然界的传统认知。分形(Fractal)一词起源于拉丁文中 fraclus(断裂)和 fractional(部分的,分数的)双重含义,其本意具有不规则、支离破碎等意义。分形理论是在"分形"概念的基础上发展而来的一门非线性学科,它以不规则几何形态为研究对象,并能定量地描述自然界中不规则的事物、现象和行为。与传统几何学相比,分形几何具有以下明显的特点:①从整体上看,分形几何图形是处处不规则的。例如,蜿蜒的海岸线和起伏不平的山川,从远处看,其形状是极其不规则的。②在不同的尺度上,图形的不规则性又是相同的。如上述海岸线和山川的形状,从近距离看,其局部形状又和整体形态相似,它们从整体到局部,都是自相似的;这种自相似性质不仅是严格意义上的相似,也可以是统计意义上的相似。实际上,分形的这一自相似性质只在特定的区域中存在,超出这个区域就不能用分形维数进行测量了,这也就是分形的可标度性。当然,实际问题中,也有一些分形几何图形,它们并不完全都是自相似的。

在周期荷载试验中,煤样失稳破坏后的表面裂纹复杂程度、破碎块度的分布特征及断口粗糙程度等难以用常规的数学方法来描述。但在采用分形理论后,可以用简单的方法获得定量的数值表达。因此,本章借助分形理论对煤样破坏的表面裂纹、破碎块度和断口粗糙程度进行分析,探讨煤样疲劳破坏的分形特征。

5.1 煤样表面裂纹的分形特征

5.1.1 分形维数的计算

目前,有十几种计算分形维数的方法,但常用的维数计算方法主要有

Hausdorff 维数、相似维数、盒维数、信息维数、容量维数、关联维数等。

（1）Hausdorff 维数。

对于一块平面图形，我们可以用边长为 r 的小正方形去覆盖，完全覆盖这一图形时图形面积与小正方形数量 $N(r)$ 存在如下关系：

$$平面图形面积 = N(r) \times r^2 \tag{5.1}$$

将上述思路推广到对任意不规则的几何对象（集合），将 N 个尺度为 r_k（1，2，3，…，N）的盒子互不重叠地去覆盖集合 E 中的元素，并且所有 N 个盒子覆盖了集合 E 的全部元素。显然，为了使测量精度足够准确，盒子尺度 r_k 要足够小，为此，设定一个最大的界限 ε，若满足 $r_k < \varepsilon$，则有

$$M_D(E) = \lim_{\varepsilon \to 0} \inf_{r_k < \varepsilon} \sum_{k=1}^{N} r_k^D \tag{5.2}$$

式中，指数 D 即为被测集合的 Hausdorff 维数，一般记为 D_H；符号 inf 是下确界的缩写。判别 D_H 需要满足以下条件：

$$M_D(E) = \lim_{\varepsilon \to 0} \inf_{r_k < \varepsilon} \begin{cases} 0, & d > D_H \\ 有限值, & d = D_H \\ \infty, & d < D_H \end{cases} \tag{5.3}$$

（2）相似维数。

令 $\Lambda \subset \mathbf{R}^n$（欧氏空间）为一个有界集，若它总是可以分成 a 个大小为 $1/b$ 倍的与原集相似的子集，则 A 的自相似维数为

$$D_s = \frac{\log a}{\log b} \tag{5.4}$$

该定义中的集合具有非常宽泛的含义，并不仅仅指元素组成的集合，也可以指任意维数的图形。比如，一个边长为 L 的正方形可以由 c^2 个边长为 L/c 的小正方形组成，小正方形与原正方形的边长之比（局部与整体相似比）为 $(L/c)/L = 1/c$，根据式（5.4）可得

$$D_s = \frac{\log c^2}{\log c} = \frac{2\log c}{\log c} = 2$$

相应地，边长为 L 的正方体可以由 c^3 个边长为 L/c 的小正方体组成，其相似维数 D_s 为 3。

对于比较复杂的图形，其相似维数不再为整数。比如，康托尔三分集，其相似维数 D_s 为 0.6309，表明它是介于点与线之间的几何图形，如图 5.1 所示；对于科赫雪花，其相似维数 D_s 为 1.2618，表明它是介于线与面之间的几何图形，如图 5.2 所示；对于歇尔宾斯基海绵，也被称为门格海绵，其相似维

数 D_s 为 2.7628，表明它是一种介于面与体之间的几何图形，如图 5.3 所示。

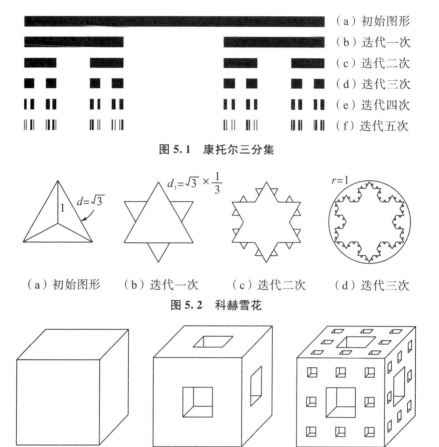

图 5.1　康托尔三分集

（a）初始图形　　（b）迭代一次　　（c）迭代二次　　（d）迭代三次

图 5.2　科赫雪花

（a）初始图形　　　　（b）迭代一次　　　　（c）迭代二次

图 5.3　歇尔宾斯基（门格）海绵

（3）盒维数。

取边长为 r 的盒子对分形图形所在空间进行覆盖，有些小盒子会覆盖分形图形，有些则不会覆盖分形图形，定义能够覆盖分形图形小盒子的数目为 $N(r)$，以图 5.4 所示图形为例，$N(r) = 9$；然后改变盒子的边长 r 再对图形进行覆盖，此时 $N(r)$ 会随着 r 的改变而变化，当 $r \to 0$ 时，即可得到此方法定义的分维数为

$$D = \lim_{r \to 0} \frac{\log N(r)}{\log(1/r)} \tag{5.5}$$

在实际应用中，所取的 r 值都是有限值，是不可能趋于 0 的。所以，需对 $N(r)$ 与 r 的可标度关系进行判别，一般地，在 xOy 坐标平面上绘制有限

个 $\log N(r)$ 随 $\log(1/r)$ 变化的散点图并进行线性拟合，如果拟合效果较好，可认为拟合直线的斜率的绝对值即为分维值 D。盒维数对简单及复杂情况下的分形是十分适用的，本节采用盒维数法对煤样表面裂纹的分形维数进行计算。

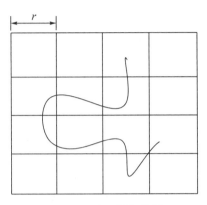

图 5.4　分形覆盖简图

5.1.2　煤样表面裂纹提取

为获取试验后破坏煤样的表面裂纹，用透明胶片纸附着在煤样的表面，然后用油性记号笔对破裂表面裂纹进行描绘，描绘结果如图 5.5 所示。

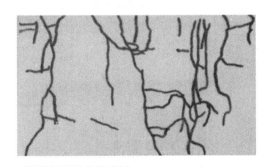

图 5.5　煤样表面裂纹的绘制

由于用油性记号笔描绘的曲线线条较宽，会对分形维数的计算有一定影响，所以还需用白色的 A4 纸覆盖并用线条较细的中性黑笔将裂纹描绘出来，随后将描绘在 A4 纸上的图形扫描处理成白底黑线条的图片；对于扫描后有斑点的图片，还需要在 Photoshop 中进一步的处理；最后将图片导入 FractalFox2.0 软件进行盒维数计算。由于单轴条件下，煤样环向变形大，大部分破碎严重，很难精确地在其表面绘制裂纹，所以，本书只绘制了三轴条件下煤样的表面裂纹，并进行了盒维数计算。部分煤样表面裂纹及盒维数计算结果如图 5.6 所示，图中的编号 C−5−0 代表煤样在 5 MPa 围压条件下常规压缩试验，其他编号见 3.2 节中的说明。

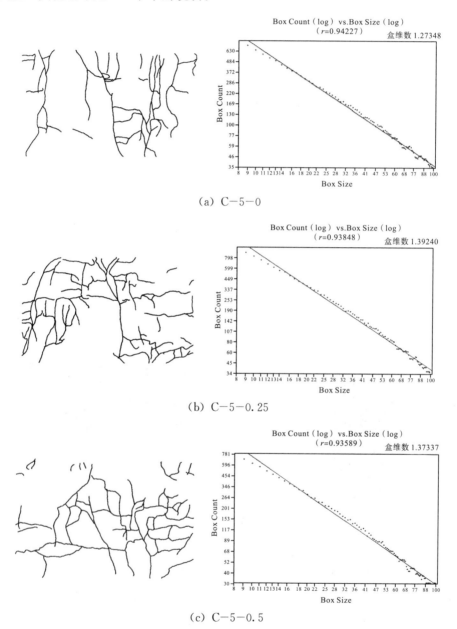

(a) C−5−0

(b) C−5−0.25

(c) C−5−0.5

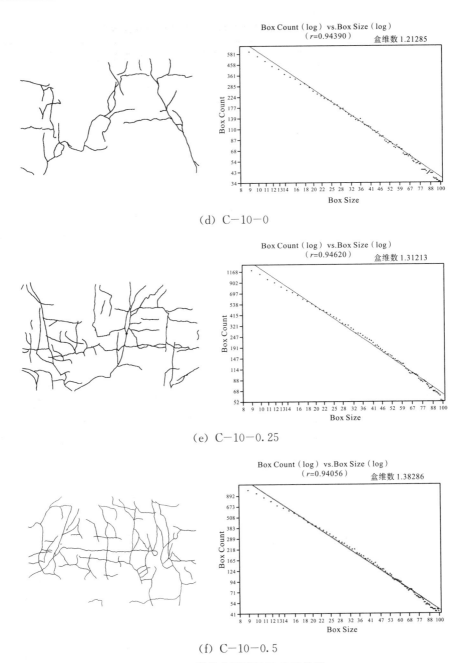

(d) C—10—0

(e) C—10—0.25

(f) C—10—0.5

图 5.6　煤样表面裂纹及分形维数

　　表 5.1 列出了所统计的部分煤样在不同试验方案中表面裂纹分形维数的计算结果，平均值见表 5.2。计算结果表明：盒维数拟合曲线的相关系数均在 0.93 以上，表明煤样的表面裂纹具有分形特征。

表 5.1 不同试验方案中煤样表面裂纹分形维数

围压/MPa	试验类型	序号	分形维数	相关系数
5	常规三轴压缩试验	1	1.27348	0.94227
		2	1.21325	0.93586
		3	1.17898	0.94874
	0.25 Hz 周期荷载试验	1	1.39240	0.93848
		2	1.35241	0.94254
		3	1.38672	0.94316
		4	1.34541	0.93287
		5	1.40127	0.93955
		6	1.38998	0.93720
	0.5 Hz 周期荷载试验	1	1.37337	0.93589
		2	1.38752	0.94135
		3	1.33487	0.93584
		4	1.38016	0.93259
		5	1.36042	0.93876
		6	1.33574	0.94222
10	常规三轴压缩试验	1	1.21285	0.94390
		2	1.20279	0.94051
		3	1.18318	0.93996
	0.25 Hz 周期荷载试验	1	1.31213	0.94620
		2	1.34297	0.94514
		3	1.35682	0.94328
		4	1.37378	0.94017
		5	1.42089	0.94352
		6	1.39935	0.93388
	0.5 Hz 周期荷载试验	1	1.38286	0.94056
		2	1.36136	0.94428
		3	1.38652	0.94336
		4	1.33241	0.93542
		5	1.35874	0.93481
		6	1.32514	0.92908

表 5.2　不同试验方案中煤样表面裂纹平均分形维数

围压/MPa	平均分形维数		
	常规压缩试验	0.25 Hz 周期荷载试验	0.5 Hz 周期荷载试验
5	1.22190	1.37803	1.36201
10	1.19961	1.36766	1.35784

表 5.2 中的数据表明，在 5 MPa 和 10 MPa 围压条件下，煤样在常规压缩破坏时，表面裂纹的平均分形维数均明显小于周期荷载试验中煤样的平均分形维数。这是由于在常规压缩试验中，煤样一直处于被压缩状态，其内部的微裂纹、微孔隙等被压实后得不到重新张开的空间，内部的微缺陷也没有发育的空间；并且常规压缩试验时间短，裂纹只会沿着试样内部最脆弱的部位快速发展，在其他部位则相对难以萌生裂纹。所以，在常规压缩试验中，煤样内部裂纹发育受到限制，其破坏是沿内部最脆弱面形成的几条裂纹不断扩展、贯通的结果。在周期荷载试验中，煤样内部的微裂纹等不断地处于张开和闭合的过程中，这为微裂纹的发育提供了空间上的保证；并且周期荷载试验时间长，微裂纹有充分的时间进行发育。其次，周期荷载应力水平上限小于煤样峰值强度，在常规压缩试验中导致煤样破坏的大裂纹在周期荷载试验中的发育受到限制，而微小裂纹的发育则将占据主导地位。这些微小裂纹将不断地扩展、贯通直至试样破坏。所以，周期荷载试验中煤样破坏后的表面裂纹明显比常规压缩试验中的多。

试验结果还表明：在频率为 0.25 Hz 的周期荷载作用下煤样表面裂纹的分形维数要略大于 0.5 Hz 周期荷载作用下的煤样，这与时间及煤样的黏滞性因素有关。首先，在同一应力水平，频率为 0.25 Hz 周期荷载试验所花费的时间比频率为 0.5 Hz 的周期荷载多一倍；其次，频率为 0.5 Hz 的周期荷载的加卸载速度太快，不利于试样内部微裂纹的萌生，但有利于大裂纹的发育。由此可知，在低频率的周期荷载作用下煤样产生的表面裂纹较多。

无论是常规压缩试验，还是周期荷载试验，煤样在 5 MPa 围压条件下的表面裂纹分形维数均比 10 MPa 围压条件下大。这是因为随着围压的提高，对煤样内部裂纹发育的限制能力增强，也减少了煤样表面裂纹的数量。

5.2　煤样破碎块度的分形特征

在不同的试验方案中，煤样破碎块度的数量及质量分布特征存在明显差异。这一分布特征即反映了煤样内部微裂纹的发展演化特征，也反映了煤样破坏过程中的能量耗散特征。所以，研究煤样破碎块度的数量、质量特征随尺寸区间的变化规律，对于深入揭示煤样的破坏特征，判断煤样在失稳前遭受的破坏荷载类型，具有一定的理论指导意义。

5.2.1　筛分试验方法

煤样破坏后的碎块尺寸分布范围较大，对大于 4.75 mm 的碎块，可以采用卡尺测量其三维尺寸，也可采用电子天平测得其质量；而对小于 4.75 mm 的颗粒，则难以采用尺寸测量的方法，但可通过筛分方法获取其总体质量特征。筛分试验采用四种尺寸的筛子，其分别能筛分粒径为 0.6 mm、1.18 mm、2.0 mm 和 4.75 mm 的颗粒。在本书中，筛分试验按照煤样碎块的长轴尺寸进行分类，共分为超大碎块（>50 mm）、大碎块（30~50 mm）、中等碎块（20~30 mm）、中小碎块（10~20 mm）、小碎块（4.75~10 mm）、粗颗粒（2~4.75 mm）、中颗粒（1.18~2 mm）、细颗粒（0.6~1.18 mm）和微颗粒（<0.6 mm）9 级。不同尺寸块体的测量方法及结果见表 5.3。

表 5.3　不同尺寸块体的测量方法及结果

序号	类别	粒径/mm	测量方法	获得结果
1	超大碎块	>50	统计碎块个数 用游标卡尺测量碎块三维尺寸 用电子天平称重	碎块个数 尺寸特征 质量分布
2	大碎块	30~50		
3	中等碎块	20~30		
4	中小碎块	10~20		
5	小碎块	4.75~10		
6	粗颗粒	2~4.75	筛分后，用电子天平称重	总质量
7	中颗粒	1.18~2		
8	细颗粒	0.6~1.18		
9	微颗粒	<0.6		

5.2.2　煤样碎块筛分结果

（1）煤样碎块分类特征。

按照表 5.3 中的分类标准，将在常规压缩和周期荷载试验中破坏煤样的碎块进行了筛分整理，图 5.7 为部分煤样碎块筛分后的图片。

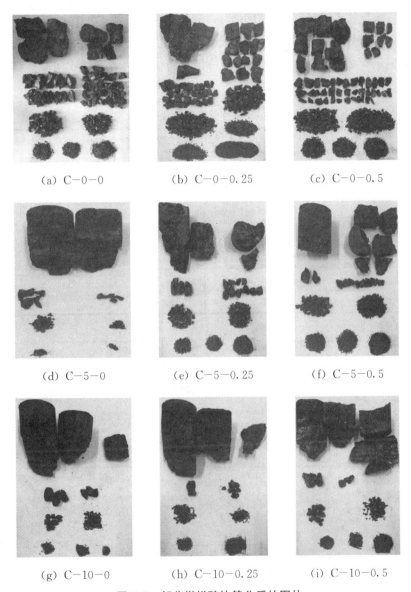

(a) C—0—0　　　　　(b) C—0—0.25　　　　(c) C—0—0.5

(d) C—5—0　　　　　(e) C—5—0.25　　　　(f) C—5—0.5

(g) C—10—0　　　　(h) C—10—0.25　　　(i) C—10—0.5

图 5.7　部分煤样碎块筛分后的图片

图 5.7 表明，煤样碎块具有明显的分类特征。在 5 MPa 和 10 MPa 围压条件下，煤样常规压缩破坏后的尺寸分布范围要明显小于周期荷载试验。与常规压缩试验相比，周期荷载试验中煤样的小尺寸碎块明显增多，即周期荷载试验中煤样表现得更为破碎。

（2）煤样碎块数量特征。

将煤样在不同试验方案中产生的碎块按长轴尺寸进行筛分、计数并求平均值（按照四舍五入原则，不保留小数），其结果见表 5.4。由于小于 4.75 mm 的颗粒难以进行计数，所以只对长轴尺寸大于 4.75 mm 的碎块进行计数。为更清晰地显示煤样碎块数量的尺寸分布特征，将试验结果绘制成曲线，如图 5.8 和图 5.9 所示。

表 5.4　煤样碎块数量分布特征

尺寸/mm	试验方案								
	单轴（0 MPa 围压）			5 MPa 围压			10 MPa 围压		
	常规	0.25 Hz	0.5 Hz	常规	0.25 Hz	0.5 Hz	常规	0.25 Hz	0.5 Hz
>50	3	2	2	2	2	2	2	2	2
30~50	3	2	3	3	2	3	1	1	3
20~30	9	8	12	3	2	2	3	2	2
10~20	30	33	31	9	7	8	3	2	5
4.75~10	78	112	121	23	32	42	11	14	18

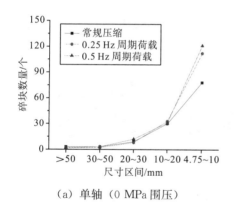

（a）单轴（0 MPa 围压）

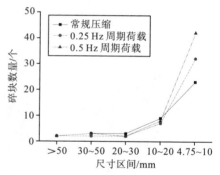

（b）5 MPa 围压

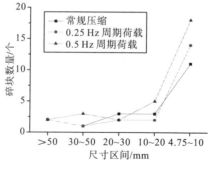

（c）10 MPa 围压

图 5.8　不同试验方案中煤样碎块数量与尺寸区间之间的关系

　　由图 5.8 可知，在同一围压条件下，当碎块尺寸大于 10 mm 时，常规压缩试验与周期荷载试验中煤样的碎块数量相差不大；当碎块尺寸在 4.75～10 mm 范围内时，周期荷载试验中煤样碎块数量大于常规压缩试验。但在常规压缩试验中，只有在单轴条件下煤样产生的碎块数量较多，其数量却也小于周期荷载试验。这一结果表明：周期荷载试验中的煤样更容易产生小尺寸的碎块，但煤样在两种不同频率的周期荷载作用下产生的不同尺寸的碎块数量相差不大。

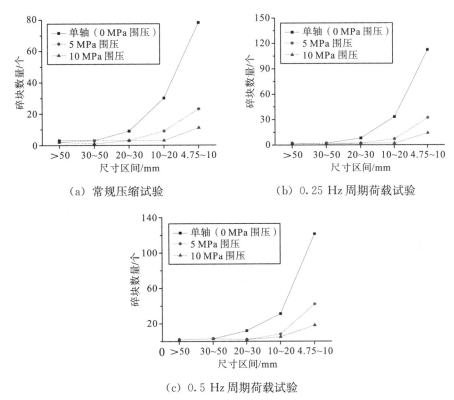

（a）常规压缩试验　　　　　　　（b）0.25 Hz 周期荷载试验

（c）0.5 Hz 周期荷载试验

图 5.9　不同围压条件下煤样碎块数量与尺寸区间之间的关系

　　由图 5.9 可知，在相同类型的试验中，当碎块尺寸大于 30 mm 时，煤样在 0 MPa、5 MPa 和 10 MPa 围压条件下产生的不同尺寸的碎块数量相差不大；当碎块尺寸在 4.75～30 mm 范围内时，煤样破碎块度数量与围压的关系为：单轴（0 MPa）>5 MPa>10 MPa，即围压的提高有助于降低煤样的破碎程度。

　　（3）煤样碎块质量特征。

　　将煤样在不同试验方案中产生的碎块按长轴尺寸进行筛分，并进行称重和求平均值处理，其结果见表 5.5。为更清晰地展示不同尺寸区间内煤样碎块质量的分布特征，将试验结果绘制成图，如图 5.10 和图 5.11 所示。

表 5.5　煤样碎块质量分数

尺寸/mm	试验方案								
	单轴（0 MPa 围压）			5 MPa 围压			10 MPa 围压		
	常规	0.25 Hz	0.5 Hz	常规	0.25 Hz	0.5 Hz	常规	0.25 Hz	0.5 Hz
>50	0.4960	0.4733	0.4567	0.7198	0.6691	0.6231	0.8403	0.8058	0.7968
30~50	0.1815	0.1262	0.1314	0.1919	0.2172	0.2731	0.1161	0.1177	0.1086
20~30	0.1449	0.1118	0.1332	0.0780	0.0286	0.0128	0.0201	0.0389	0.0416
10~20	0.0929	0.0841	0.0717	0.0096	0.0277	0.0216	0.0091	0.0154	0.0244
4.75~10	0.0403	0.0777	0.0755	0.0034	0.0190	0.0229	0.0068	0.0047	0.0084
2~4.75	0.0232	0.0718	0.0692	0.0045	0.0192	0.0236	0.0047	0.0079	0.0082
1.18~2	0.0071	0.0174	0.0228	0.0013	0.0054	0.0067	0.0008	0.0022	0.0025
0.6~1.18	0.0057	0.0163	0.0180	0.0006	0.0057	0.0066	0.0015	0.0025	0.0030
<0.6	0.0084	0.0214	0.0215	0.0005	0.0081	0.0096	0.0006	0.0049	0.0065

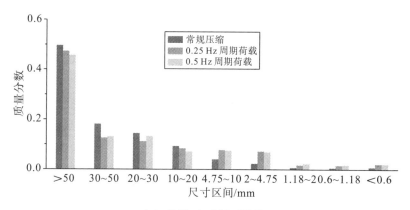

（a）单轴（0 MPa 围压）

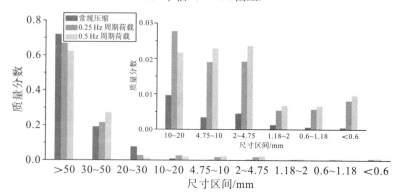

（b）5 MPa 围压

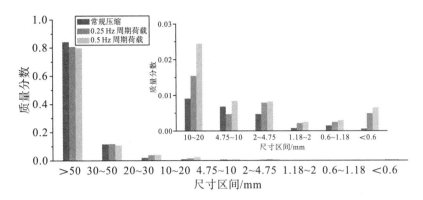

（c）10 MPa 围压

图 5.10　不同试验方案中煤样碎块质量分数与尺寸区间之间的关系

由图 5.10 可知，在 0 MPa、5 MPa 和 10 MPa 围压条件下，在小于 4.75 mm 的尺寸范围内，煤样在周期荷载疲劳试验中的质量分数要大于常规压缩试验。虽然尺寸小于 4.75 mm 的细微颗粒难以进行计数，但以上结果表明：周期荷载试验中的煤样将会比常规压缩试验中的煤样产生更多的微小裂纹和细微颗粒。对在 4.75～20 mm 范围内煤样的碎块质量分数变化特征，基本的趋势是周期荷载试验大于常规压缩试验。对在 20～50 mm 范围内的碎块质量分数变化特征，两种试验之间没有明显的关系。但对于大于 50 mm 范围内的碎块质量分数，常规压缩试验明显大于周期荷载试验，即常规压缩试验容易产生大碎块。

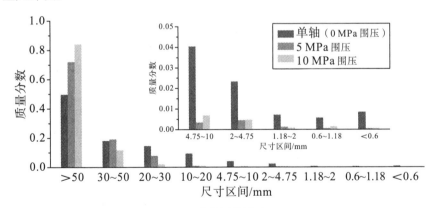

（a）常规压缩试验

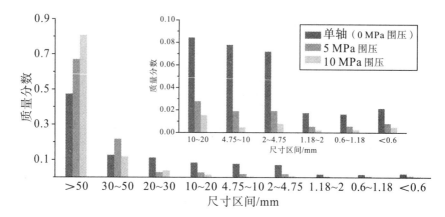

（b）0.25 Hz 周期荷载试验

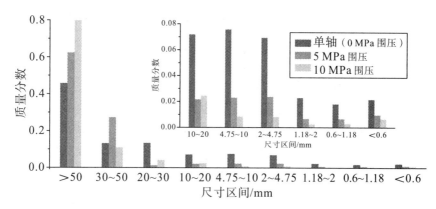

（c）0.5 Hz 周期荷载试验

图 5.11　不同围压条件下煤样碎块质量分数与尺寸区间之间的关系

图 5.11（a）表明：在常规压缩试验中，在大于 50 mm 的范围内，煤样碎块质量分数与围压的关系为：10 MPa>5 MPa>单轴（0 MPa）。在 30~50 mm 范围，煤样碎块质量分数与围压的关系不明显。在小于 30 mm 的范围内，单轴条件下煤样碎块质量分数大于 5 MPa 和 10 MPa 围压条件；但后两者在这一尺寸区间内的碎块质量分数相差不大。

图 5.11（b）、（c）表明，在频率为 0.25 Hz 和 0.5 Hz 的周期荷载试验中，在大于 50 mm 的范围内，煤样碎块质量分数与围压的关系为：10 MPa>5 MPa>单轴（0 MPa）；在 10~30 mm 的范围内，单轴条件下煤样碎块质量分数大于 5 MPa 和 10 MPa 围压条件；在小于 10 mm 的范围内，煤样碎块质量分数与围压的关系为：单轴（0 MPa）>5 MPa>10 MPa。

无论是常规压缩试验，还是周期荷载试验，煤样破坏后超大碎块的质量占据了试样整体质量的绝大部分，且随着围压的提高，其所占比例会相应地提高。

（4）煤样碎块尺寸分布特征。

将不同试验方案中所有煤样的碎块尺寸进行统计并求平均值，其结果见表5.6。由于小于 4.75 mm 的颗粒难以进行尺寸测量，所以表 5.6 中只给出了尺寸大于 4.75 mm 碎块的尺寸特征。为更清晰地展示不同试验方案中煤样碎块的尺寸特征，将试验结果绘制成图，如图 5.12～图 5.14 所示。

表 5.6　不同试验方案中煤样碎块的尺寸特征

围压/MPa	试验方案	碎块尺寸区间/mm	长/宽	长/厚	宽/厚
0	常规压缩试验	>50	1.207	2.063	1.709
		30～50	2.062	3.189	1.547
		20～30	1.493	2.925	1.960
		10～20	1.394	2.948	2.115
		4.75～10	1.549	2.668	1.723
	0.25 Hz 周期荷载试验	>50	1.354	2.551	1.884
		30～50	1.771	3.524	1.990
		20～30	1.597	3.780	2.367
		10～20	1.310	2.553	1.948
		4.75～10	1.727	2.016	1.167
	0.5 Hz 周期荷载试验	>50	1.714	1.750	1.021
		30～50	1.289	3.450	2.677
		20～30	1.658	3.897	2.351
		10～20	1.577	3.064	1.943
		4.75～10	1.863	2.687	1.442
5	常规压缩试验	>50	1.765	2.221	1.258
		30～50	1.344	2.860	2.128
		20～30	1.677	3.085	1.840
		10～20	1.941	3.147	1.621
		4.75～10	1.446	2.760	1.908

围压/MPa	试验方案	碎块尺寸范围/mm	长/宽	长/厚	宽/厚
5	0.25 Hz 周期荷载试验	>50	1.573	2.195	1.396
		30~50	1.476	2.551	1.728
		20~30	1.788	2.393	1.339
		10~20	1.638	2.543	1.552
		4.75~10	1.562	2.258	1.445
	0.5 Hz 周期荷载试验	>50	1.459	1.678	1.150
		30~50	1.468	2.881	1.962
		20~30	1.842	2.757	1.497
		10~20	1.467	2.677	1.825
		4.75~10	1.618	2.321	1.434
10	常规压缩试验	>50	1.561	1.875	1.201
		30~50	1.462	3.033	2.075
		20~30	1.767	3.440	1.947
		10~20	1.328	2.526	1.902
		4.75~10	1.486	2.431	1.635
	0.25 Hz 周期荷载试验	>50	1.433	1.727	1.206
		30~50	1.522	3.160	2.076
		20~30	1.667	2.548	1.529
		10~20	1.588	2.071	1.305
		4.75~10	1.329	1.733	1.304
	0.5 Hz 周期荷载试验	>50	1.652	2.132	1.291
		30~50	1.729	3.218	1.861
		20~30	1.614	3.467	2.147
		10~20	1.890	3.849	2.036
		4.75~10	1.435	2.758	1.923

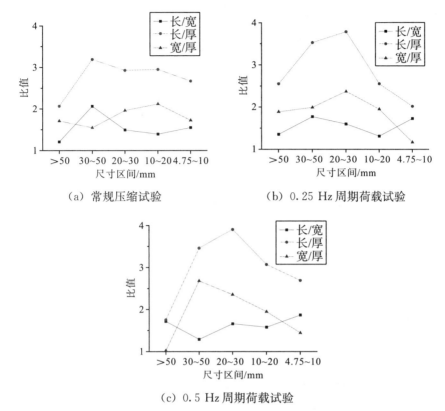

（a）常规压缩试验　　　　（b）0.25 Hz 周期荷载试验

（c）0.5 Hz 周期荷载试验

图 5.12　煤样碎块的尺寸特征［单轴（0 MPa 围压）］

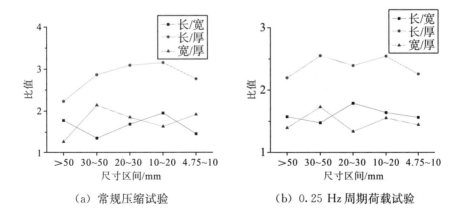

（a）常规压缩试验　　　　（b）0.25 Hz 周期荷载试验

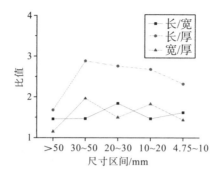

（c）0.5 Hz 周期荷载试验

图 5.13　煤样碎块的尺寸特征（5 MPa 围压）

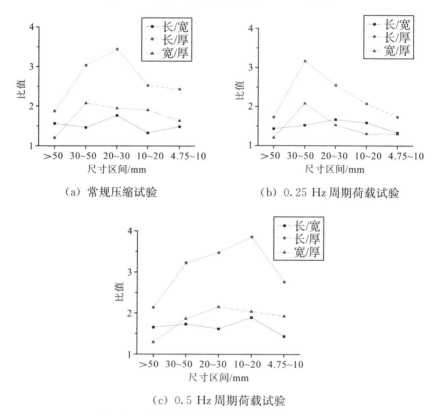

（a）常规压缩试验　　　　　　（b）0.25 Hz 周期荷载试验

（c）0.5 Hz 周期荷载试验

图 5.14　煤样碎块的尺寸特征（10 MPa 围压）

图 5.12～图 5.14 表明，在 0 MPa、5 MPa 和 10 MPa 围压条件下，常规压缩试验与周期荷载试验中煤样的长/宽、宽/厚的比值与碎块的尺寸区间之间的关系较为稳定，在统计的 5 个尺寸区间内，数值相差不大；但长/厚的比值随着碎块尺寸的减小呈现先增大后减小的趋势。即煤样破坏后产生的较大尺寸

的碎块主要以长方体形为主，随着尺寸区间的减小，产生的碎块以长条薄片形为主；当碎块尺寸减小到 4.75～10 mm 范围时，又向方块形碎块过渡。

5.2.3　煤样碎块的分形特征

对于尺寸较大碎块的分形特征，可以从块度—数量、块度—质量和长（宽、厚）度—数量三个方面进行计算；对于尺寸较小的碎块及颗粒（长轴尺寸小于 4.75 mm），可以通过筛分称重，计算其块度—质量的分形维数。

（1）块度—数量分形特征。

对于长轴尺寸大于 4.75 mm 的长方体碎块，首先量测其长、宽、厚度，分别用 l、h、w 表示，然后换算为正方体的等效边长 L_{eq}，计算公式为

$$L_{eq} = \sqrt[3]{(l \times h \times w)} \tag{5.6}$$

分维计算公式为

$$N = N_0 (L_{eq} / L_{eq,max})^{-D} \tag{5.7}$$

式中，N 为等效边长大于等于 L_{eq} 的碎块数量；N_0 为具有最大特征尺寸 $L_{eq,max}$ 的碎块数；D 为分形维数。当用 $\lg N$—$\lg(L_{eq}/L_{eq,max})$ 绘图时，其斜率即为分形维数。

表 5.7 列出了在不同试验方案中，煤样在不同等效边长区间内的碎块数量特征。图 5.15 展示了等效边长—碎块数量的对数图。

表 5.7　煤样等效边长区间及碎块数量特征

等效边长区间/mm	数量/个								
	常规压缩试验			0.25 Hz 周期荷载试验			0.5 Hz 周期荷载试验		
	单轴（0 MPa）	5 MPa	10 MPa	单轴（0 MPa）	5 MPa	10 MPa	单轴（0 MPa）	5 MPa	10 MPa
35～65	3	1	1	2	3	1	2	2	2
20～35	5	3	5	6	1	6	1	1	4
10～20	17	27	14	18	10	3	3	1	3
4.75～10	85	110	118	40	41	32	4	8	2

通过图 5.15 可知，煤样的 $\lg N$—$\lg L_{eq}$ 的线性拟合关系较高，分形特征明显。但随着围压的提高，分形特征有降低的趋势，表明围压对分形维数有显著影响。

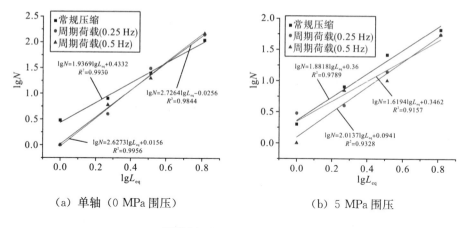

(a) 单轴（0 MPa 围压）   (b) 5 MPa 围压

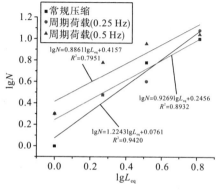

(c) 10 MPa 围压

图 5.15　煤样等效边长—碎块数量对数图

（2）块度—质量分形特征。

碎块的尺度—质量分布关系式为

$$\frac{M_{L_{eq}}}{M} = \left(\frac{L_{eq}}{a}\right)^{\alpha} \tag{5.8}$$

式中，M 为碎块的总质量；$M_{L_{eq}}$ 为等效边长小于 L_{eq} 的碎块的累计质量；a 为碎屑平均尺寸；α 为指数。

将式（5.8）两边取对数可得指数 α 的计算式：

$$\lg\left(\frac{M_{L_{eq}}}{M}\right) = \alpha \lg L_{eq} - \alpha \lg a \tag{5.9}$$

α 即为 $\lg(M_{L_{eq}}/M)$—$\lg L_{eq}$ 直线的斜率，破碎块体的分形维数 D 与指数 α 的关系为

$$D = 3 - \alpha \tag{5.10}$$

表 5.8 列出了不同试验方案中，煤样在不同等效边长区间内的碎块质量特征；图 5.16 展示了不同类型的试验中煤样碎块的 $\lg(M_{L_{eq}}/M)$—$\lg L_{eq}$ 关系曲线。

表 5.8　煤样等效边长区间及碎块质量特征

等效边长区间/mm	质量/g								
	常规压缩试验			0.25 Hz 周期荷载试验			0.5 Hz 周期荷载试验		
	单轴(0 MPa)	5 MPa	10 MPa	单轴(0 MPa)	5 MPa	10 MPa	单轴(0 MPa)	5 MPa	10 MPa
35~65	110.28	133.23	211.99	111.91	231.19	215.57	28.27	145.32	144.32
20~35	45.10	91.11	15.74	35.50	6.12	13.66	66.67	103.66	102.81
10~20	34.38	51.78	4.06	46.59	12.56	2.09	37.49	4.32	4.83
4.75~10	20.02	12.83	3.04	24.84	7.59	0.78	35.76	8.41	1.90
2~4.75	7.85	7.09	1.23	24.49	5.13	2.19	18.28	9.76	2.77
1.18~2	1.57	1.52	0.18	4.48	1.45	0.52	4.50	1.87	0.66
0.6~1.18	1.27	1.78	0.36	4.19	1.53	0.59	3.56	1.82	0.79
<0.6	1.87	2.70	0.17	5.51	2.15	1.16	4.26	2.67	1.68

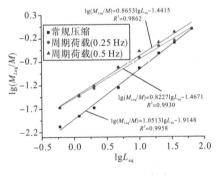

（a）单轴（0 MPa 围压）

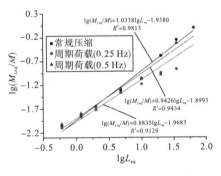

（b）5 MPa 围压

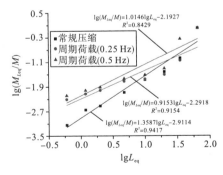

（c）10 MPa 围压

图 5.16　煤样等效边长—碎块质量对数图

单轴条件下，在常规压缩、频率为 0.25 Hz 和 0.5 Hz 的周期荷载试验中，煤样的分形维数分别为 1.95、2.18 和 2.01；5 MPa 围压条件下，在常规压缩、频率为 0.25 Hz 和 0.5 Hz 的周期荷载试验中，煤样的分形维数分别为 1.97、2.12 和 2.06；10 MPa 围压条件下，在常规压缩、频率为 0.25 Hz 和 0.5 Hz 的周期荷载试验中，煤样的分形维数分别为 1.64、2.08 和 1.99。

由图 5.16 可知：在单轴条件下，煤样常规压缩试验与周期荷载疲劳试验中的 $\lg(M_{L_{eq}}/M)$—$\lg L_{eq}$ 的线性拟合的决定系数都超过 0.98，拟合效果好，分形特征明显；在 5 MPa 围压条件下，$\lg(M_{L_{eq}}/M)$—$\lg L_{eq}$ 的线性拟合的决定系数都超过 0.91，分形特征明显；在 10 MPa 围压条件下，$\lg(M_{L_{eq}}/M)$—$\lg L_{eq}$ 的线性拟合的决定系数分别为 0.9417、0.9154、0.8429，分形特征也较为明显。但通过对比可以发现，煤样碎块质量的分形特征随着围压增加有降低的趋势。比如，在常规压缩试验中，单轴条件时决定系数 R^2 为 0.9958，5 MPa 围压时 R^2 为 0.9813，10 MPa 围压时 R^2 为 0.9417。以上的结果表明：煤样碎块质量的分形特征要受到围压的控制，且与围压的变化呈负相关，即随着围压的增加，煤样碎块质量的分形特征将逐渐降低。所以，煤样碎块质量的分形特征存在一个围压"门槛值"，当低于这一"门槛值"时，煤样碎块质量具有较好的分形特征；当高于这一"门槛值"时，分形特征将逐步减弱。但煤样在不同的试验条件下，所对应的"门槛值"并不相同。比如，在常规压缩试验中，至少可以确定在 10 MPa 及以下的围压条件下，煤样碎块尺寸—质量分形特征明显；在周期荷载试验中，可以确定在 5 MPa 及以下的围压条件下，煤样碎块尺寸—质量分形特征明显，5～10 MPa 围压范围内存在较好的分形特征。另外，在相同围压条件下，常规压缩与周期荷载试验相比，前者的分形特征均明显强于后者。

在三轴周期荷载作用下，虽然煤样的 $\lg(M_{L_{eq}}/M)$—$\lg L_{eq}$ 线性拟合关系稍差，但当特征尺寸处于某一尺寸区间时，拟合效果仍然很好，分形特征明显，如图 5.17 所示。图 5.17 展示了尺寸小于 20 mm 时煤样的碎块等效边长—质量对数图。在这一标度区间内，$\lg(M_{L_{eq}}/M)$—$\lg L_{eq}$ 线性拟合的决定系数都超过了 0.97，分形特征明显。这表明煤样碎块质量的分形特征并不是在所有尺寸区间内都存在，而是存在一个特征尺寸的标度区间，当碎块尺寸处于这一标度区间时，煤样碎块质量具有较好的分形特征；当碎块尺寸超出这一标度区间时，煤样碎块的分形特征将逐渐减弱。

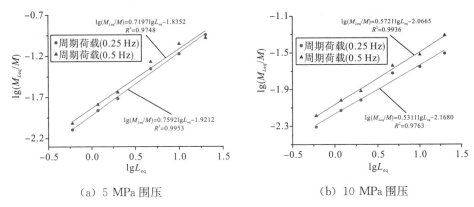

（a）5 MPa 围压　　　　　　　　　（b）10 MPa 围压

图 5.17　三轴周期荷载作用下煤样等效边长—质量对数图

5.3　煤样断口的分形特征

5.3.1　SEM 细观试验

　　岩石破坏断口的细观形貌具有一定的自相似性，符合统计意义上的分形特征。采用扫描电镜对岩石破坏细观形貌进行二次电子成像，能反映和分析岩石内部裂纹在细、微观上的发育情况；然后可采用盒维数法计算其在不同尺度范围内的分形维数。在本书中，采用日本电子株式会社（JEOL）推出的 JSM-6510LV 高低真空钨灯丝扫描电子显微镜对煤样的细观形貌进行观察。该试验系统主要包括电子光学系统、扫描系统、信号检测放大系统、图像显示和记录系统、电源和真空系统等。它是用细聚焦的电子束轰击样品表面，通过电子与样品相互作用产生的二次电子、背散射电子等对样品表面或断口形貌进行观察和分析。本次试验分别对常规压缩和周期荷载试验中煤样破坏断口进行二次成像，其放大倍数分别为 500 倍、1000 倍、2000 倍和 5000 倍，典型煤样的成像结果如图 5.18～图 5.20 所示。

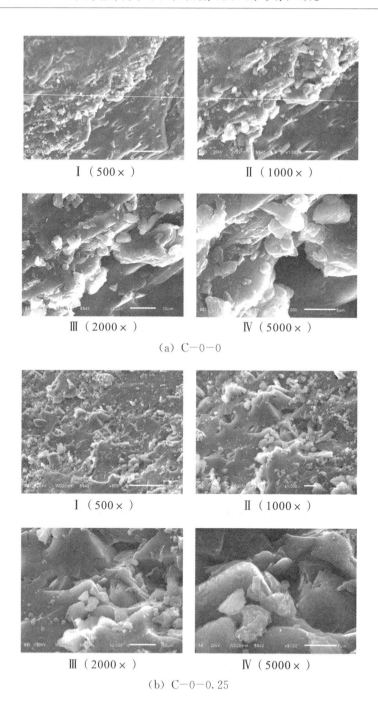

I （500×）　　　　　　　　II （1000×）

III （2000×）　　　　　　　IV （5000×）

（a）C—0—0

I （500×）　　　　　　　　II （1000×）

III （2000×）　　　　　　　IV （5000×）

（b）C—0—0.25

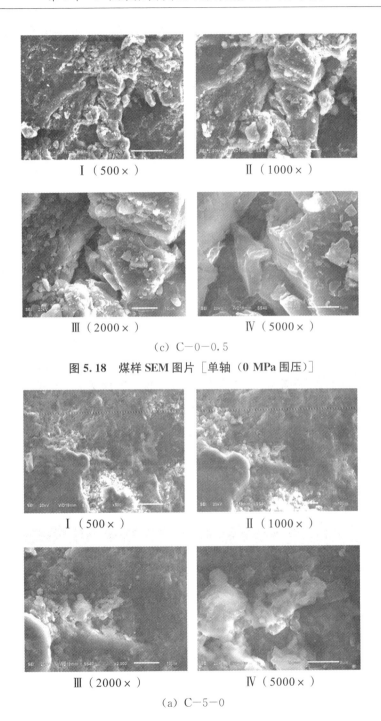

Ⅰ（500×）　　　　　　　　Ⅱ（1000×）

Ⅲ（2000×）　　　　　　　　Ⅳ（5000×）

(c) C—0—0.5

图 5.18　煤样 SEM 图片［单轴（0 MPa 围压）］

Ⅰ（500×）　　　　　　　　Ⅱ（1000×）

Ⅲ（2000×）　　　　　　　　Ⅳ（5000×）

(a) C—5—0

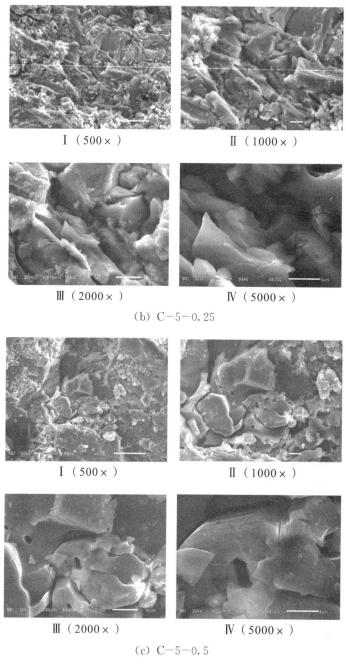

Ⅰ（500×）　　　　　　　Ⅱ（1000×）

Ⅲ（2000×）　　　　　　　Ⅳ（5000×）

（b）C—5—0.25

Ⅰ（500×）　　　　　　　Ⅱ（1000×）

Ⅲ（2000×）　　　　　　　Ⅳ（5000×）

（c）C—5—0.5

图 5.19　煤样 SEM 图片（5 MPa 围压）

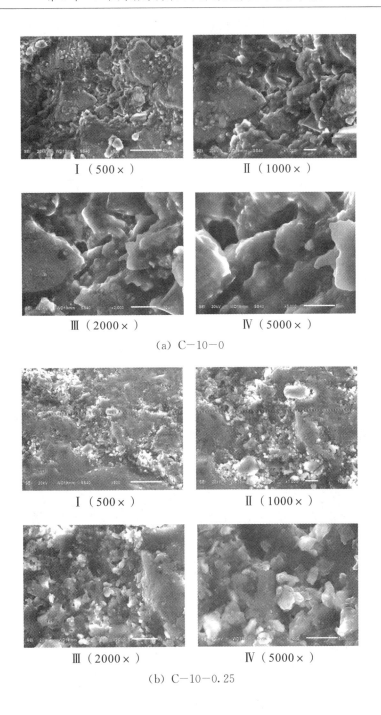

Ⅰ（500×）　　　　　　　Ⅱ（1000×）

Ⅲ（2000×）　　　　　　　Ⅳ（5000×）

(a) C—10—0

Ⅰ（500×）　　　　　　　Ⅱ（1000×）

Ⅲ（2000×）　　　　　　　Ⅳ（5000×）

(b) C—10—0.25

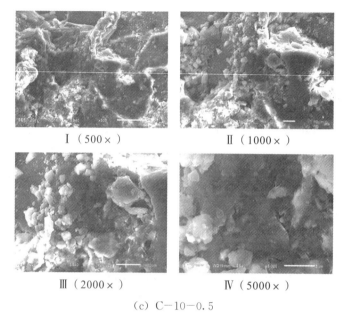

Ⅰ（500×）　　　　　　　Ⅱ（1000×）

Ⅲ（2000×）　　　　　　　Ⅳ（5000×）

（c）C—10—0.5

图 5.20　煤样 SEM 图片（10 MPa 围压）

5.3.2　煤样断口细观分形特征

由于 SEM 图片为灰度图，还需要采用 Photoshop 软件将图片处理为黑白位图，处理后的图片如图 5.21～图 5.23 所示。

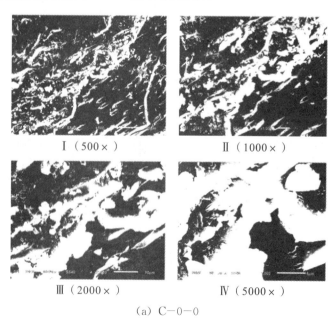

Ⅰ（500×）　　　　　　　Ⅱ（1000×）

Ⅲ（2000×）　　　　　　　Ⅳ（5000×）

（a）C—0—0

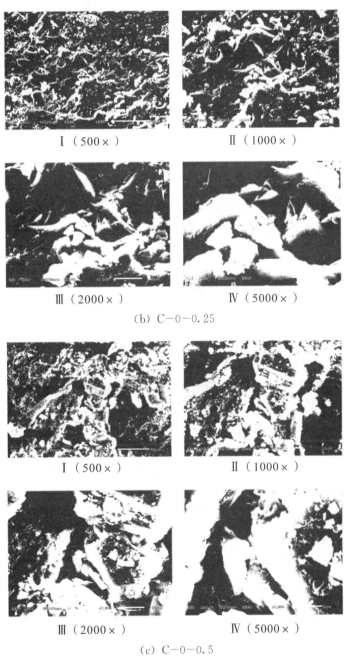

Ⅰ（500×）　　　　　　　Ⅱ（1000×）

Ⅲ（2000×）　　　　　　　Ⅳ（5000×）

(b) C—0—0.25

Ⅰ（500×）　　　　　　　Ⅱ（1000×）

Ⅲ（2000×）　　　　　　　Ⅳ（5000×）

(c) C—0—0.5

图 5.21　煤样细观黑白位图［单轴（0 MPa 围压）］

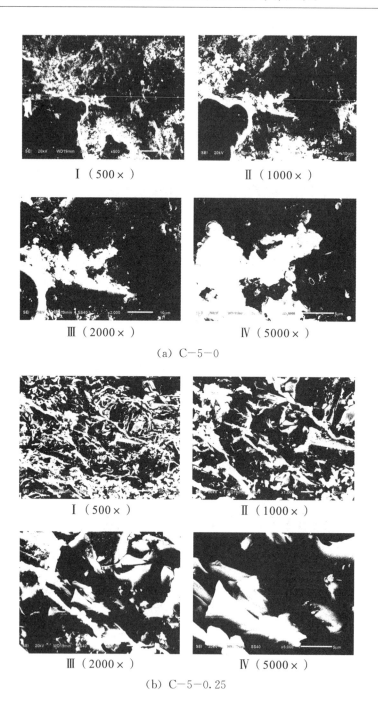

I（500×）

II（1000×）

III（2000×）

IV（5000×）

(a) C—5—0

I（500×）

II（1000×）

III（2000×）

IV（5000×）

(b) C—5—0.25

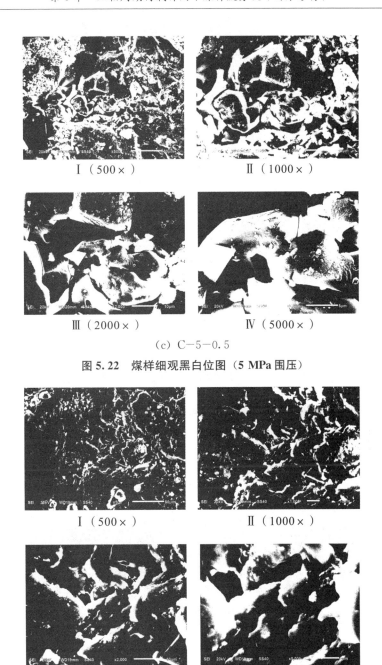

Ⅰ（500×）　　Ⅱ（1000×）

Ⅲ（2000×）　　Ⅳ（5000×）

(c) C—5—0.5

图 5.22　煤样细观黑白位图（5 MPa 围压）

Ⅰ（500×）　　Ⅱ（1000×）

Ⅲ（2000×）　　Ⅳ（5000×）

(a) C—10—0

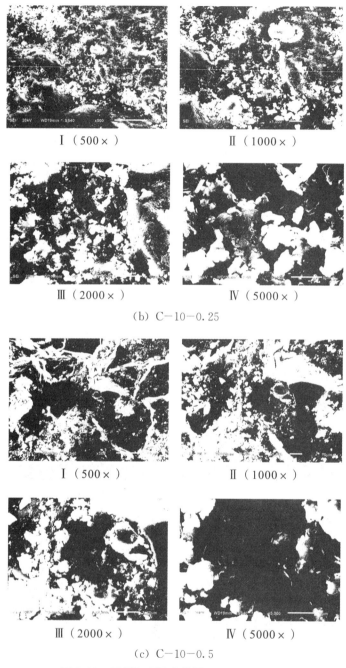

Ⅰ（500×） Ⅱ（1000×）

Ⅲ（2000×） Ⅳ（5000×）

（b）C—10—0.25

Ⅰ（500×） Ⅱ（1000×）

Ⅲ（2000×） Ⅳ（5000×）

（c）C—10—0.5

图 5.23　煤样细观黑白位图（10 MPa 围压）

采用 FractalFox2.0 软件对图 5.21～图 5.23 中的图形进行盒维数计算，煤样细观图形分形维数计算结果见表 5.9，图 5.24 展示了煤样细观图形分形维数的变化规律。

表 5.9　煤样细观图形分形维数计算结果

放大倍数和分形维数平均值	试验方案								
	常规压缩			0.25 Hz 周期荷载			0.5 Hz 周期荷载		
	单轴 0 MPa 围压	5 MPa 围压	10 MPa 围压	单轴 0 MPa 围压	5 MPa 围压	10 MPa 围压	单轴 0 MPa 围压	5 MPa 围压	10 MPa 围压
500	1.5174	1.4908	1.1066	1.5990	1.6831	1.6382	1.6856	1.6732	1.5822
1000	1.5212	1.4167	1.2238	1.5467	1.5315	1.5619	1.5722	1.5775	1.5211
2000	1.4429	1.2746	1.2185	1.4699	1.4394	1.5113	1.5178	1.4542	1.4923
5000	1.3560	1.2542	1.3690	1.3894	1.3940	1.4022	1.4015	1.4646	1.4087
分形维数平均值	1.4594	1.3591	1.2295	1.5013	1.5120	1.5284	1.5443	1.5424	1.5011

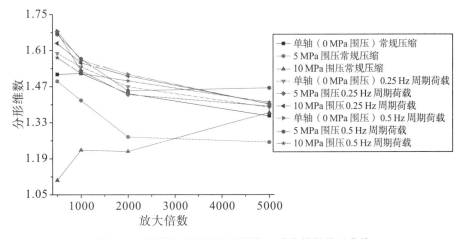

图 5.24　煤样细观图形分形维数—放大倍数关系曲线

由表 5.9 和图 5.24 可以看出，随着 SEM 图像放大倍数的增加，煤样分形维数计算结果是不断变化的；其中，有六种方案表现出逐渐减小的趋势，两种方案呈现波动减小的趋势，一种方案呈现波动增大的趋势。这表明：在不同的细观尺度下，煤样细观结构存在一定的分形特性，但这种分形不是数学严格意义上的分形，而是存在一定的差异；一般是尺度范围越接近，分形维数差距越小。大量的工程研究也表明：分形特征只是近似的或统计意义上的，且只在一定的尺度范围内存在。

　　图 5.25 展示了不同类型试验中煤样平均分形维数随围压的变化趋势。由图 5.25 可知，在常规压缩试验中，煤样断口细观形貌的平均分形维数随着围压的提高而逐渐减小。其原因在于煤本身是一种组分复杂，微结构、微孔隙发育的物体，围压的存在提高了煤样的各向同性，限制了煤样内部裂隙的无序发育，降低了破坏断口的复杂程度，且围压越高，煤样破坏断口的复杂程度越低，即分形维数较小。在频率为 0.25 Hz 和 0.5 Hz 的周期荷载试验中，0 MPa、5 MPa 和 10 MPa 围压时煤样细观形貌的分形维数虽变化规律不同，但在量值上相差不大；这主要是因为周期荷载试验时间长，试样的宏观破裂面不是迅速产生，而是要经历反复的摩擦作用，降低了围压对断口形貌特征的影响。另外，在相同围压条件下，周期荷载作用下煤样断口细观形貌的分形维数均大于常规压缩时的分形维数，表明周期荷载对煤样断口形貌的影响要比常规压缩弱。

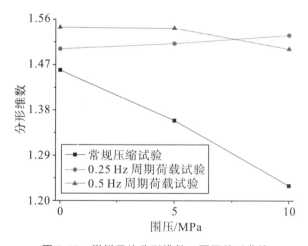

图 5.25　煤样平均分形维数—围压关系曲线

参考文献

[1] 陈凯，王文科，郭新，等. 乌鲁木齐矿区砂岩单轴压缩的分形特征研究 [J]. 中国煤炭，2017，43（2）：52—55.

[2] 陈鑫，杨强，李德建. 岩体裂隙网络各向异性损伤力学效应研究 [M]. 北京：科学出版社，2016.

[3] 郝柏林. 混沌与分形 [M]. 上海：上海科学技术出版社，2015.

[4] 何满潮，杨国兴，苗金丽，等. 岩爆实验碎屑分类及其研究方法 [J]. 岩石力学与工程学报，2009，28（8）：1524—1529.

[5] 胡云鹏，冯文凯，谢吉尊，等. 川中红层泥岩颗粒破碎分形特性 [J]. 长江科学院学

报，2017，34（3）：115-118，125.

[6] 黄冬梅，常西坤，林晓飞，等. 单轴压缩下岩石断口裂纹的分形特征研究 [J]. 山东科技大学学报（自然科学版），2014，33（2）：58-62.

[7] 黄冬梅. 深部岩石细观结构分形特征及围岩稳定性评价研究 [D]. 青岛：山东科技大学，2015.

[8] 李德建，贾雪娜，苗金丽，等. 花岗岩岩爆试验碎屑分形特征分析 [J]. 岩石力学与工程学报，2010，29（S1）：3280-3289.

[9] 李廷芥，王耀辉，张梅英，等. 岩石裂纹的分形特性及岩爆机理研究 [J]. 岩石力学与工程学报，2000，19（1）：6-10.

[10] 刘传孝. 岩石破坏机理及节理裂隙分布尺度效应的非线性动力学分析与应用 [D]. 青岛：山东科技大学，2004.

[11] 倪玉山，匡震邦，杨英群. 常规三轴压缩下花岗岩断裂表面的分形研究 [J]. 岩石力学与工程学报，1992，11（3）：295-303.

[12] 藕明江，周宗红，王友新，等. 不同卸荷速率条件下岩爆碎屑破坏特征分析 [J]. 中国安全生产科学技术，2017，13（11）：97-103.

[13] 任富强，常远，汪东，等. 集宁板岩岩爆碎屑分形特征分析 [J]. 长江科学院学报，2016，33（10）：102-105，110.

[14] 王龙. 岩石常规试验断裂损伤演化及其控制的分形几何研究 [D]. 泰安：山东农业大学，2014.

[15] 夏元友，杏曼卿，廖璐璐，等. 大尺寸试件岩爆试验碎屑分形特征分析 [J]. 岩石力学与工程学报，2014，33（7）：1358-1365.

[16] 谢和平，高峰，周宏伟，等. 岩石断裂和破碎的分形研究 [J]. 防灾减灾工程学报，2003，23（4）：1-9.

[17] 谢和平，高峰. 岩石类材料损伤演化的分形特征 [J]. 岩石力学与工程学报，1991，10（1）：74-82.

[18] 谢和平. 分形-岩石力学导论 [M]. 北京：科学出版社，1996.

[19] 易顺民，赵文谦，蔡善武. 岩石脆性破裂断口的分形特征 [J]. 长春科技大学学报，1999，29（1）：37-41.

[20] 张天蓉. 蝴蝶效应之谜 走进分形与混沌 [M]. 北京：清华大学出版社，2013.

[21] 张晓雷. 深部岩石蠕变演化特征的分形几何学分析 [D]. 泰安：山东农业大学，2016.

[22] 钟云霄. 混沌与分形浅谈 [M]. 北京：北京大学出版社，2010.

第 6 章　煤样周期荷载压缩破坏的颗粒流模拟

　　在室内试验中，虽然不同煤样在周期荷载作用下的变形规律及能量特征等相同，但这些煤样在强度及变形量值上却存在较大差异。有的文献也曾研究了不同加卸载速率、不同应力振幅等因素对岩石疲劳特性的影响，但室内试验为破坏性试验，其所得结果并没有考虑不同的试样在强度及变形上的离散性问题。数值模拟方法作为室内试验的有效补充，可对室内试验不能实现的方面进行研究，而且在数值模拟中，试样模型在确立后，试样的力学特性也就确定，这就为对比不同因素影响下试样的疲劳特性提供了可靠依据。在室内试验的基础上，本章主要研究围压、加卸载速率、应力振幅和应力水平等因素对周期荷载作用下煤样循环次数（疲劳寿命）及声发射特征的影响。

6.1　PFC 简介及细观参数标定

6.1.1　PFC 数值模拟软件简介

　　PFC 是美国 ITASCA 公司开发的离散元数值模拟软件，被广泛应用于岩石类材料基本力学特性、颗粒物质动力响应、介质破裂和破裂发展等基础性问题的研究。PFC 的基本原理来源于分子动力学，它从微观结构角度去研究介质的力学特性和行为。PFC 中存在两种基本单元，即颗粒单元和墙单元。颗粒单元是组成材料介质的单元，墙单元是生成模型边界条件的单元。在 PFC 中，材料的宏观力学行为通过颗粒之间的接触类型及其变化特征来反映。PFC 非常适合模拟岩石类材料的力学特性，在这些材料中，可以将其分为基质和胶结物两部分，模拟时基质采用颗粒表示，胶结物采用黏结表示，通过赋予不同的细观参数可很方便地模拟不同材料的宏观力学特性。

6.1.2　接触模型

PFC 中的接触模型用于定义两个颗粒之间的相互作用关系，最基本的接触模型是 linear 模型。linear 模型将两个颗粒的接触抽象为无限小的平面，并且采用互相平行的弹簧元件和阻尼器元件共同描述接触平面的力学行为，其中弹簧元件描述接触平面的线弹性（没有抗拉特性）及摩擦特性，阻尼器元件描述黏性特性，由于接触平面无限小，linear 模型只能传递力。线性接触模型原理如图 6.1 所示。

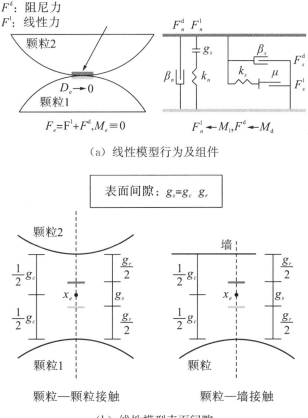

（a）线性模型行为及组件

（b）线性模型表面间隙

图 6.1　线性接触模型原理

Linearpbond 模型是在 linear 模型的基础上增加了黏结功能，由于黏结元件与弹簧元件平行作用，故将黏结称为平行黏结（parallel bond）。平行黏结可抽象为在两个颗粒之间、具有恒定刚度（法向和剪切）及一定强度的黏结材料。平行黏结强度特性符合摩尔库仑准则，当其发生破坏时，linearpbond 模型由黏结（bonded）状态转变为非黏结（unbonded）状态，非黏结状态的 linearpbond 模型与 linear 模型完全一致。Linearpbond 模型的接触平面具有一定尺寸，可以传递力和力矩。线性平行黏结接触模型原理如图 6.2 所示。

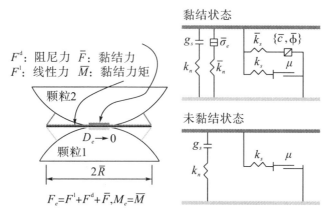

图 6.2　线性平行黏结接触模型原理

本书采用 BPM（Bonded Particle Model）模型模拟煤样的力学行为，颗粒间采用 linearpbond 接触模型。平行黏结既可阻止颗粒之间的剪切滑移（旋转滑动和剪切滑动），也可抵抗颗粒之间的法向分离，但当平行黏结受力达到一定程度时，黏结发生破坏并产生裂缝。Linearpbond 模型基本参数见表 6.1。

表 6.1　Linearpbond 模型基本参数

参数	意义	取值范围	默认值
kn	接触的法向刚度	[0.0，+∞)	0.0
ks	接触的切向刚度	[0.0，+∞)	0.0
fric	接触的摩擦系数	[0.0，+∞)	0.0
emod	接触的弹性模量	[0.0，+∞)	0.0
kratio	接触的法向切向刚度比	[0.0，+∞)	0.0
dp_nratio	法向黏性阻尼系数	[0.0，1.0]	0.0
dp_sratio	切向黏性阻尼系数	[0.0，1.0]	0.0
pb_ten	平行黏结抗拉强度	[0.0，+∞)	0.0
pb_coh	平行黏结内聚力	[0.0，+∞)	0.0

参数	意义	取值范围	默认值
pb_fa	平行黏结内摩擦角	[0.0，90.0)	0.0
pb_emod	平行黏结弹性模量	[0.0，+∞)	0.0
pb_kratio	平行黏结法向切向刚度比	[0.0，+∞)	0.0

6.1.3　模型建立及细观参数标定

采用 PFC 2D 5.00 进行数值模拟试验，模型直径为 50 mm、高度为 100 mm。在进行模拟试验时，颗粒粒径越小，模拟结果越准确，但也会使得计算效率明显降低；若颗粒尺寸太大，则模拟结果较差，难于反映煤样的真实力学特性。所以，在数值模拟过程中，必须在计算精度和效率之间进行取舍，确定合理的颗粒数目和尺寸范围，即颗粒之间的尺寸相差太大也会导致计算效率的降低。研究表明：当颗粒平均粒径小于模型短边尺寸的 1/40 时，数值模拟细观参数标定能取得较好的结果。另外，模型的临界时步可用式（6.1）进行估算。

$$\Delta t = \min\left\{ \sqrt{m/k^{平动}}, \sqrt{1/k^{转动}} \right\} \qquad (6.1)$$

式中，m 为颗粒质量；$k^{平动}$、$k^{转动}$ 分别为平动刚度和转动刚度；I 为颗粒转动惯性矩。

通过反复调试，并考虑时间成本，确定模型中颗粒粒径范围为 0.35~0.55 mm，共生成 6945 个颗粒，生成的数值模型如图 6.3 所示。颗粒之间采用 linearpond 接触模型，在模型四周共生成四道墙，wall 1、wall 2 为加载墙，wall 3、wall 4 为伺服墙（单轴模拟时删除）。墙与颗粒之间采用 linear 接触模型，为消除端面效应，摩擦系数设置为 0。

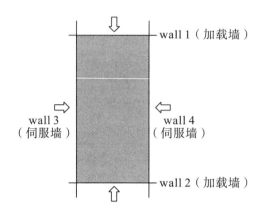

图 6.3 生成的数值模型

在数值模拟细观参数标定方面，并没有明确的标准。一般地，当采用同一组细观力学参数能使在不同围压条件下的应力—应变数值模拟曲线和室内试验曲线具有较好的吻合程度时，即认为模型可靠。而这一组细观参数则要采用"试错法"确定，具体的细观参数见表 6.2。

表 6.2 数值模拟细观参数

参数	取值
fric	0.0
emod	2.5×10^9
kratio	1.0
dp_nratio	0.8
dp_sratio	0.8
pb_ten	5.0×10^6
pb_coh	25.0×10^6
pb_fa	0.0
pb_emod	1.0×10^9
pb_kratio	1.0

由于岩石的强度及变形特征具有一定的加载速率敏感性，为获取与实验室试验相对应的静态应力—应变全过程曲线，在数值模拟试验中也需要进行不同加载速率的常规压缩试验。以常规单轴压缩为例，图 6.4 展示了不同加载速率下煤样的应力—应变关系曲线，在峰后强度降低至煤样峰值强度的 30％时模拟结束。当 wall 1、wall 2 的加载速率小于等于 0.02 m/s 时，煤样常规压缩

的峰值强度及峰值应变基本趋于稳定，对于本书中的模型，即可认为wall 1、wall 2的加载速率小于等于 0.02 m/s 是处于静态加载范畴。

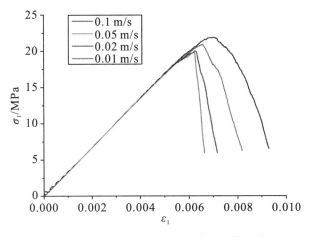

图 6.4　加载速率对应力—应变关系的影响

本书以单轴条件为例，研究煤样遭受周期荷载作用时的力学特性。煤样在单轴常规压缩作用下数值模拟与室内试验应力—应变曲线的对比如图 6.5 所示，其中，数值模拟中的加载速率为 0.02 m/s。煤样在单轴常规压维试验作用下数值模拟试验的峰值强度、弹性模量和泊松比与室内试验中相应的参数对比见表 6.3。

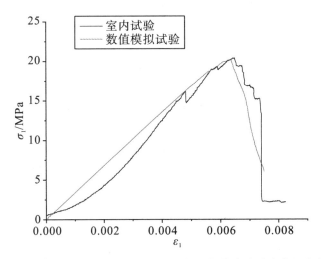

图 6.5　煤样在单轴常规压缩作用下数值模拟与室内试验应力—应变曲线

表 6.3　煤样在单轴常规压缩作用下数值模拟与室内试验参数对比

参数	室内试验	数值模拟试验	误差/%
峰值强度/MPa	20.40	20.19	1.1
弹性模量/GPa	3.51	3.37	4.1
泊松比	0.35	0.33	5.7

由表 6.3 可知，室内试验与数值模拟试验的应力—应变曲线存在一定差异，主要体现在数值模拟试验中的曲线相对光滑且没有压密阶段。这是因为数值模型中的颗粒采用均匀分布，且各颗粒被赋予了相同的细观参数。但实际的工程煤体则有多种组分构成，各组分的含量以及它们的力学参数并不相同，加之煤体中存在许多的微缺陷和裂纹，导致真实煤样的应力—应变曲线呈现明显的非线性特征。虽然两种试验方法存在一定的差异，但通过对峰值强度、弹性模量和泊松比的对比分析可知，采用数值模拟的方法能够反映煤样的基本力学特性。

6.2　煤样周期荷载压缩数值模拟试验及分析

声发射是指岩石在发生变形破坏时以弹性波的形式释放出一定应变能的现象。在室内试验中，声发射是通过能量来度量的，但是这种方法也存在某些缺陷，比如，岩石断裂面附近的岩粉等之间的摩擦也会产生声发射，这在一定程度上增加了声发射监测的误差。而在数值模拟试验中，通过 PFC 自带的 FISH 程序对相同间隔时步内的黏结破坏数进行连续监测，然后统计颗粒间黏结断裂数便可近似等效为对岩石声发射的度量，这样不仅实现了借助数值计算方法来研究岩石的声发射规律，也减少了声发射活动监测的误差。另外，由于数值模拟的目的是研究周期荷载作用下煤样破坏的基本规律，所以在数值模拟计算时可将周期荷载峰值应力设置在较高水平，这样可加快煤样破坏进程，提高计算效率。PFC 数值模拟中，一般通过给 wall 施加周期性的正（余）弦变化的速度来模拟周期性的正（余）弦波加卸载过程，但这一方法存在的显著问题是当试样达到一定损伤程度后，随着循环周期数的增加，周期荷载的上限应力逐渐减小，就达不到我们所要求的峰值应力。当通过编制 FISH 程序来实现正（余）弦波形的周期性加卸载时，要考虑煤样呈现这一特性后计算时步数增大的问题，实现的波形会发生畸变。基于以上考虑，本书采用线性加卸载方式代

第6章 煤样周期荷载压缩破坏的颗粒流模拟

替正（余）弦波形加载。与正（余）弦波相比，三角波（线性加载）想要达到同样的损伤效果，只是循环次数要多一些，但其损伤破坏过程相同。

6.2.1 周期荷载加卸载速率对煤样破坏的影响

以单轴条件为例，研究不同加卸载速率的周期荷载对煤样疲劳破坏的影响（实际上，不同的加卸载速率即对应了不同的加卸载频率）。数值模拟试验中，周期荷载的加卸载速率选择 0.02 m/s、0.03 m/s 和 0.04 m/s 三种，周期荷载上限应力设置为 18.18 MPa，为煤样常规单轴压缩强度的 92.5%，下限应力固定为 10 MPa。在三种加卸载速率的周期荷载作用下煤样的轴向应力—轴向应变关系曲线及破坏时的形态如图 6.6 所示。

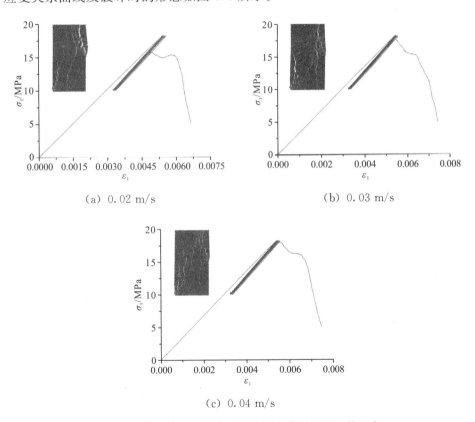

（a）0.02 m/s （b）0.03 m/s

（c）0.04 m/s

图 6.6 轴向应力—轴向应变关系曲线及破坏时的形态

图 6.7 为在不同加卸载速率的周期荷载作用下，煤样内部微破裂数量、轴向应力随时步数的演化曲线。表 6.4 列出了不同加卸载速率的周期荷载作用下煤样经历的循环次数及时步数。由图 6.7 和表 6.4 可知，当周期荷载的加卸载

149

速率为 0.02 m/s 时，煤样在第 12 个循环发生破坏，共计算 2624379 时步；当周期荷载的加卸载速率为 0.03 m/s 时，煤样在第 12 个循环发生破坏，共计算 1837979 时步；当周期荷载的加卸载速率为 0.04 m/s 时，煤样在第 13 个循环发生破坏，共计算 1534179 时步。这表明：周期荷载的加卸载速率会对煤样所经历的循环次数及时步数产生影响。虽然煤样在 0.02 m/s 和 0.03 m/s 加卸载速率的周期荷载作用下的循环次数相同，但加卸载速率为 0.03 m/s 时煤样在破坏循环的峰值应力更高。由此可知，在相同波形的周期荷载及上、下限应力水平条件下，加卸载速率越快，煤样破坏所需时步数越少，即破坏时间越短，但煤样经历的循环次数（疲劳寿命）随加卸载速率的增大有增加的趋势。

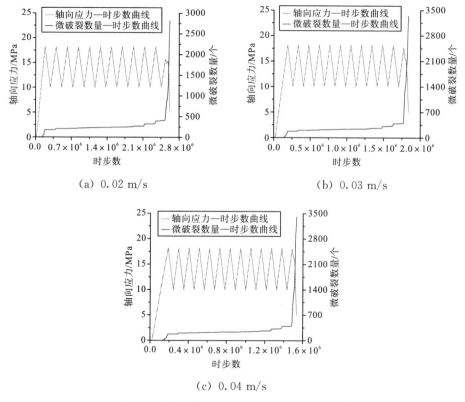

(a) 0.02 m/s

(b) 0.03 m/s

(c) 0.04 m/s

图 6.7　微破裂数量、轴向应力—时步数曲线

表 6.4　试验条件及结果

下限应力/MPa	上限应力/MPa	加卸载速率/(m·s⁻¹)	疲劳寿命/次	时步数
10	18.18	0.02	12	2624379
10	18.18	0.03	12	1837979

续表

下限应力/MPa	上限应力/MPa	加卸载速率/(m·s⁻¹)	疲劳寿命/次	时步数
10	18.18	0.04	13	1534179

　　不同加卸载速率的周期荷载作用下煤样的声发射振铃计数、轴向应力—时步数曲线如图 6.8 所示。声发射振铃计数随循环次数呈现初始、相对平静和活跃三阶段演化特征，在破坏循环声发射活动最强烈，但在周期荷载的卸载阶段及低应力水平时几乎没有声发射活动。另外，在煤样破坏前的几个循环，声发射活动随着循环次数的增加呈现逐渐增大的趋势，这一现象可作为煤样疲劳破坏的前兆特征。根据这一特点，借助微地震监测系统可对井下煤体的稳定性做出科学的评价，当微地震监测系统捕捉到煤体出现这一现象时，表明煤体即将发生失稳破坏，这对于矿井安全生产及保护职工安全有重要意义。

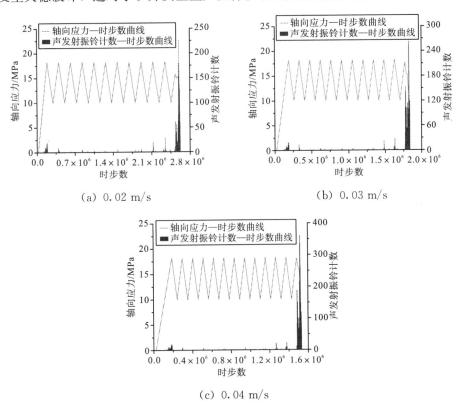

(a) 0.02 m/s　　　　　　　　　　(b) 0.03 m/s

(c) 0.04 m/s

图 6.8　声发射振铃计数、轴向应力—时步数曲线

　　为研究声发射振铃计数随循环次数的变化规律，定义每个循环最大声发射振铃计数与第 1 个循环中最大声发射振铃计数的比值为声发射比率 K，公

式为

$$K = \frac{A_i}{A_1} \qquad (6.2)$$

式中，A_1 为第 1 个循环中的最大声发射振铃计数；A_i 为第 i 个循环中的最大声发射振铃计数。

煤样在不同加卸载速率的周期荷载作用下的声发射比率与循环次数的关系曲线如图 6.9 所示。声发射比率—循环次数曲线清晰地反映了声发射活动随循环次数的三阶段演化特征。由于煤样内部每发生一次微破裂被定义为一个声发射事件，而每一次微破裂都对应一定不可逆应变的产生，所以，声发射比率的演化特征也能较好地反映煤样疲劳破坏的不同阶段。当声发射比率随着循环次数逐渐减小时，表明煤样处于疲劳破坏的初始阶段；当声发射比率随着循环次数基本保持不变时，表明煤样处于疲劳破坏的等速阶段；当声发射比率随着循环次数逐渐增大时，表明煤样处于疲劳破坏的加速阶段。

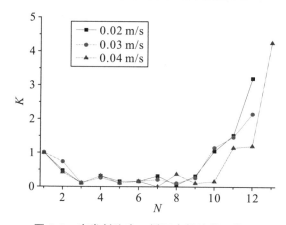

图 6.9　声发射比率—循环次数的关系曲线

6.2.2　周期荷载下限应力对煤样破坏的影响

煤样在不同下限应力的单轴周期荷载作用下的轴向应力—轴向应变关系曲线及破坏时的形态如图 6.10 所示，周期荷载的加卸载速率选择为 0.03 m/s，上限应力设置为 18.18 MPa，为煤样常规单轴压缩强度的 92.5%，下限应力分别设置为 6 MPa、8 MPa 和 10 MPa，相应的应力振幅分别为 12.18 MPa、10.18 MPa 和 8.18 MPa。

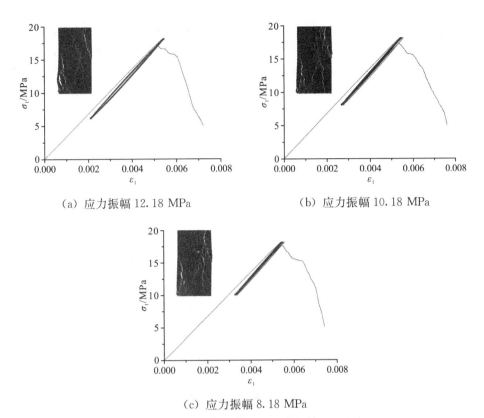

（a）应力振幅 12.18 MPa　　　　　（b）应力振幅 10.18 MPa

（c）应力振幅 8.18 MPa

图 6.10　轴向应力—轴向应变关系曲线及破坏时的形态

图 6.11 为煤样内部微破裂数量、轴向应力随时步数的演化曲线，表 6.5 列出了不同下限应力时煤样经历的循环次数（疲劳寿命）及时步数。由图 6.11 和表 6.5 可知，在应力下限为 6 MPa 时，煤样在第 7 个循环发生破坏，共计算 1573079 时步；在应力下限为 8 MPa 时，煤样在第 10 个循环发生破坏，共计算 1897379 时步；在应力下限为 10 MPa 时，煤样在第 12 个循环发生破坏，共计算 1837979 时步。这表明：当周期荷载上限应力不变时，随着下限应力的降低（应力振幅增大），煤样破坏所经历的循环次数（疲劳寿命）逐渐减少，即每个循环产生的损伤增加；但煤样破坏时的时步数却没有明显规律，这是因为高应力水平阶段对煤样损伤起主导作用，低应力水平阶段对煤样损伤只起辅助作用。所以，在研究煤样的疲劳特性时，也应充分考虑周期荷载的低应力水平阶段对煤样疲劳损伤产生的影响。

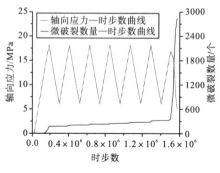

（a）应力振幅 12.18 MPa

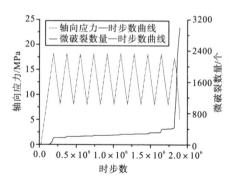

（b）应力振幅 10.18 MPa

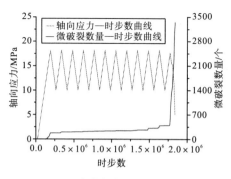

（c）应力振幅 8.18 MPa

图 6.11　微破裂数量、轴向应力—时步数曲线

表 6.5　试验条件及结果（加卸载速率 0.03 m/s）

下限应力/MPa	上限应力/MPa	应力振幅/MPa	疲劳寿命/次	时步数
6	18.18	12.18	7	1573079
8	18.18	10.18	10	1897379
10	18.18	8.18	12	1837979

　　在三种不同应力振幅的周期荷载作用下煤样的声发射振铃计数、轴向应力—时步数曲线如图 6.12 所示。声发射振铃计数随着循环次数变化呈现初始、相对平静和活跃三阶段演化规律，且在破坏发生时循环声发射活动最强烈。另外，在煤样破坏前的周期性加卸载过程中，在周期荷载的卸载阶段及低应力水平几乎没有声发射活动。

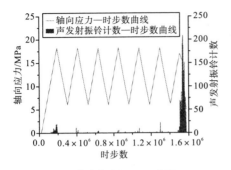

（a）应力振幅 12.18 MPa

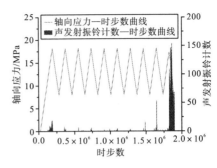

（b）应力振幅 10.18 MPa

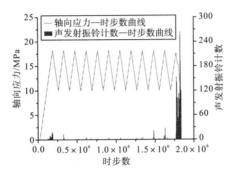

（c）应力振幅 8.18 MPa

图 6.12　声发射振铃计数、轴向应力—时步数曲线

在不同应力振幅的周期荷载作用下煤样的声发射比率与循环次数的关系曲线如图 6.13 所示。由图 6.13 可以看出，声发射比率—循环次数曲线清晰地反映了声发射活动与循环次数的三阶段演化特征，也较好地反映煤样疲劳破坏的不同阶段。

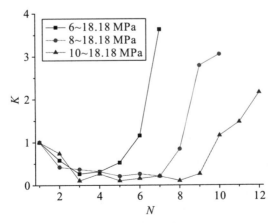

图 6.13　声发射比率—循环次数的关系曲线

6.2.3　等幅周期荷载应力水平对煤样破坏的影响

数值模拟试验中，共设计了三种不同应力水平的等幅周期荷载，周期荷载的加卸载速率选择为 0.03 m/s。在方案一中，周期荷载应力循环区间设置为 8~18 MPa；在方案二中，周期荷载应力循环区间设置为 8.25~18.25 MPa；在方案三中，周期荷载应力循环区间设置为 8.5~18.5 MPa。煤样在这三种不同应力水平的等幅周期荷载作用下的轴向应力—轴向应变关系曲线及破坏时的形态如图 6.14 所示。

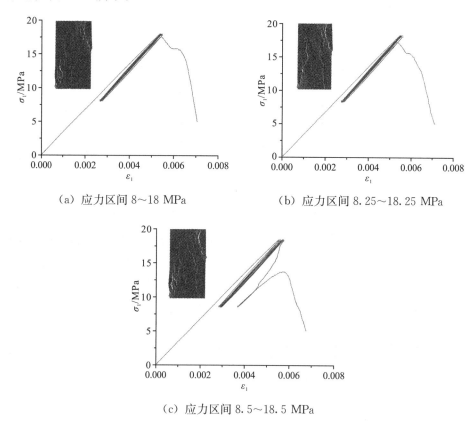

（a）应力区间 8~18 MPa　　　　（b）应力区间 8.25~18.25 MPa

（c）应力区间 8.5~18.5 MPa

图 6.14　轴向应力—轴向应变关系曲线及破坏时的形态

图 6.15 为煤样内部微破裂数量、轴向应力随时步数的演化曲线。表 6.6 列出了三种方案中煤样经历的循环次数。由图 6.15 和表 6.6 可知，方案一中，煤样在第 13 个循环发生破坏，共计算 2390045 时步；方案二中，煤样在第 10 个循环发生破坏，共计算 1855546 时步；方案三中，煤样在第 7 个循环发生破坏，共计算 1266256 时步。这表明：在相同的应力振幅条件下，周期荷载的

上、下限应力越高，煤样破坏经历的循环次数（疲劳寿命）及时步数越少。

表 6.6　试验条件及结果（加卸载速率 0.03 m/s）

下限应力/MPa	上限应力/MPa	应力振幅/MPa	疲劳寿命/次	时步数
8	18	10	13	2390045
8.25	18.25	10	10	1855546
8.5	18.5	10	7	1266256

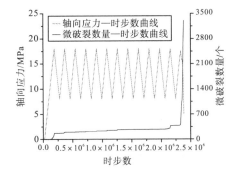

（a）应力区间 8~18 MPa

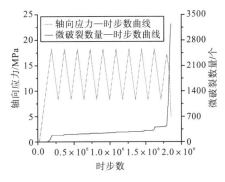

（b）应力区间 8.25~18.25 MPa

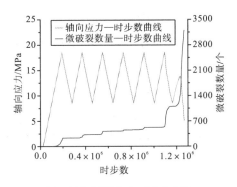

（c）应力区间 8.5~18.5 MPa

图 6.15　微破裂数量、轴向应力—时步数曲线

图 6.16 为三种不同应力水平的等幅周期荷载作用下煤样的声发射振铃计数、轴向应力—时步数曲线，声发射振铃计数随着循环次数变化呈现初始、相对平静和活跃三阶段演化规律，且在破坏发生时循环声发射活动最强烈。另外，在煤样破坏前的周期性加卸载过程中，在周期荷载的卸载阶段及低应力水平几乎没有声发射活动。

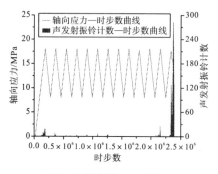

（a）应力区间 8~18 MPa

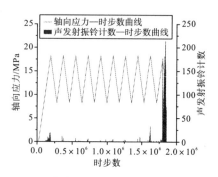

（b）应力区间 8.25~18.25 MPa

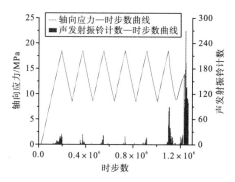

（c）应力区间 8.5~18.5 MPa

图 6.16　声发射振铃计数、轴向应力—时步数曲线

另外，图 6.8、图 6.12 和图 6.16 均表明：煤样在周期荷载作用下的最大声发射振铃计数发生的时间点要稍微滞后于破坏循环最高应力的时间点。

煤样在三种不同应力水平的等幅周期荷载作用下的声发射比率与循环次数的关系曲线如图 6.17 所示。通过声发射比率—循环次数曲线可以清晰地看出煤样疲劳破坏演化过程。

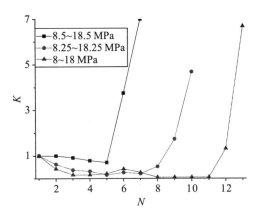

图 6.17　声发射比率—循环次数的关系曲线

由于周期荷载频率（即加卸载速率）、应力水平及应力振幅等因素都会对煤样的疲劳破坏产生影响，所以，对明显受由采掘活动引起的类周期荷载影响的工程煤体（比如煤柱），在进行尺寸设计时要对这些因素给予充分的考虑。

参考文献

［1］Itasca Consulting Group Inc. Manual of particle flow code（Version 5.0）［M］. Minneapolis：Itasca Consulting Group Inc，2016.

［2］Meng Q B，Zhang M W，Han L J，et al. Effects of acoustic emission and energy evolution of rock specimens under the uniaxial cyclic loading and unloading compression ［J］. Rock Mechanics and Rock Engineering，2016，49（10）：3873－3886.

［3］岑夺丰，黄达. 高应变率单轴压缩下岩体裂隙扩展的细观位移模式［J］. 煤炭学报，2014，39（3）：436－444.

［4］丁秀丽，吕全纲，黄书岭，等. 锦屏一级地下厂房大理岩变形破裂细观演化规律［J］. 岩石力学与工程学报，2014，33（11）：2179－2189.

［5］黄达，岑夺丰，黄润秋. 单裂隙砂岩单轴压缩的中等应变率效应颗粒流模拟［J］. 岩土力学，2013，34（2）：535－545.

［6］黄丹，李小青. 基于微裂纹发育特性的大理岩特征强度数值模拟研究［J］. 岩土力学，2017，38（1）：253－262.

［7］黄彦华，杨圣奇，刘相如. 类岩石材料力学特性的试验及数值模拟研究［J］. 实验力学，2014，29（2）：239－249.

［8］蒋应军，李思超，王天林. 级配碎石动三轴试验的数值模拟方法［J］. 东南大学学报（自然科学版），2013，43（3）：604－609.

［9］廖璐璐. 梯度应力路径下加－卸荷岩爆试验及颗粒流模拟研究［D］. 武汉：武汉理工大学，2014.

［10］刘恩龙. 颗粒流算例分析［M］. 成都：四川大学出版社，2016.

［11］刘洪磊，王培涛，杨天鸿，等. 基于离散元方法的花岗岩单轴压缩破裂过程的声发射特性［J］. 煤炭学报，2015，40（8）：1790－1795.

［12］穆康，李天斌，俞缙，等. 围压效应下砂岩声发射与压缩变形关系的细观模拟［J］. 岩石力学与工程学报，2014，33（S1）：2786－2793.

［13］穆康，俞缙，李宏，等. 水—力耦合条件下砂岩声发射和能量耗散的颗粒流模拟［J］. 岩土力学，2015，36（5）：1496－1504.

［14］石崇，徐卫亚. 颗粒流数值模拟技巧与实践［M］. 北京：中国建筑工业出版社，2015.

［15］田文岭，杨圣奇，方刚. 煤样三轴循环加卸载力学特征颗粒流模拟［J］. 煤炭学报，2016，41（3）：603－610.

［16］汪汝峰. 深部人工冻结黏土加卸载颗粒流模拟研究［D］. 徐州：中国矿业大学，2015.

［17］王明立. 煤矸石压缩试验的颗粒流模拟［J］. 岩石力学与工程学报，2013，32（7）：1350－1357.

［18］余华中，阮怀宁，褚卫江. 大理岩脆—延—塑转换特性的细观模拟研究［J］. 岩石力学与工程学报，2013，32（1）：55－64.

［19］余华中，阮怀宁，褚卫江. 岩石节理剪切力学行为的颗粒流数值模拟［J］. 岩石力学与工程学报，2013，32（7）：1482－1490.

［20］余华中. 深埋大理岩宏细观力学特性研究及工程应用［D］. 南京：河海大学，2013.

［21］张东，黄晓明，田飞. 级配碎石动三轴试验离散元模拟［J］. 公路交通科技，2014，31（12）：39－42，49.

［22］张学朋，王刚，蒋宇静，等. 基于颗粒离散元模型的花岗岩压缩试验模拟研究［J］. 岩土力学，2014，35（S1）：99－105.

［23］张玉龙. 滑坡过程及冲击致灾数值模拟研究［D］. 南京：河海大学，2014.

［24］周杰，汪永雄，周元辅. 基于颗粒流的砂岩三轴破裂演化宏—细观机理［J］. 煤炭学报，2017，42（S1）：76－82.